DER Karriere Coach

Das persönliche Arbeitsbuch für eine bessere Karriere

Corinne Mills

EDITION AUMANN

Die Originalausgabe dieser Arbeit wurde von Trotman Publishing, Richmond, unter dem Titel Career Coach: your personal workbook for a better career veröffentlicht. Autorin: Corinne Mills.

Deutsche Erstausgabe Dezember 2013

Gesamtherstellung und Verlag der deutschen Ausgabe:
A7-24 Aumann GmbH, Edition Aumann
Mohrenstraße 26, 96450 Coburg
Tel.: 09561-357 60 88, Telefax 09561-3575080
E-Mail: service@edition-aumann.de, Internet: www.edition-aumann.de

Satz, Illustrationen und Titelgestaltung: Alexandra Krug, www.grafiar.de
Druck: P&P Printmanagement, Trabelsdorf

Übersetzung und Herstellung mit Genehmigung.
Aus dem Englischen übertragen von Franziska Langguth M.A.

Printed in Germany

ISBN 978-3-942230-10-0

Für meine wundervollen Jungs:

Jonathan, Elliot und Louis

INHALTSVERZEICHNIS

Über die Autorin

In diesem Buch geht es ausschließlich um Sie, Ihre Berufslaufbahn und Ihre Karriereziele. Da ich Sie allerdings als persönlicher Karriere Coach durch dieses Buch führen werde, möchte ich mich Ihnen kurz vorstellen.

Ich bin Corinne Mills, Geschäftsführerin von Großbritanniens führendem Karriere Coaching und Outplacement-Unternehmen, dem Personal Career Management (www.personalcareermanagement.com), das ich 2003 gegründet habe. In diesem Buch werde ich Karriere Coaching-Techniken mit Ihnen teilen, die wir bereits erfolgreich dazu benutzt haben, tausenden Menschen – meistens Geschäftsführern und Fachleuten – bei deren Karrieremanagement zu helfen. Die Qualität unserer Coachings ist so hoch, dass einige große Personalagenturen uns zum „besten Unternehmen der Branche" erkoren haben, was mich unglaublich stolz macht.

Als ausgebildete Karriereberaterin habe ich mehr als 15 Jahre Erfahrung im Bereich Karrieremanagement und komme regelmäßig bei den BBC News, On the Money, The Politics Show, Daybreak und BBC Radio 2 und Radio 5Live als Expertin zum Thema Beruf und Karriere zum Einsatz. Des Weiteren schreibe ich Fachkommentare und Artikel für den Guardian, die Financial Times, den Telegraph und das People Management Magazin.

Mein erstes Buch *You're Hired! How to Write a Brilliant CV*, das 2009 im Trotman Verlag erschien, stieg innerhalb weniger Wochen nach Erscheinen zum Bestseller in seinem Bereich auf und hat diesen Spitzenplatz seither nie wieder verlassen.

Bevor ich anfing, im Karrieremanagement zu arbeiten, hatte ich Führungspositionen im Personalwesen inne, bei denen ich für alle Aspekte des Mitarbeitermanagements zuständig war – darunter auch Einstellungen und Entlassungen, Förderung der Mitarbeiterleistung sowie Weiterbildungs- und Entwicklungsprogramme. Mein Wissen darüber, wie Unternehmen wirklich funktionieren, war schon immer ein entscheidender Vorteil, wenn es darum ging, Menschen im Hinblick auf den Arbeitsmarkt oder über Aufstiegschancen innerhalb ihrer Firma zu beraten.

Wie viele Leute habe auch ich mehrmals meinen Arbeitsplatz gewechselt. Die Anfänge meiner Karriere waren mehr als unkonventionell: Bis zu meinem 26. Lebensjahr arbeitete ich als Theater- und Fernsehschauspielerin und war zeitweilig sogar Sängerin einer New Wave Band. Als ich allerdings meinen zukünftigen Ehemann kennenlernte, beschloss ich – wie schon viele aufstrebende Schauspielerinnen vor mir – dass ich am Ende doch sesshaft werden und einen „anständigen" Beruf ergreifen wollte.

Bewaffnet mit meinem Abschluss in Englisch und meinem Schauspieldiplom, aber mit kaum Berufserfahrung außerhalb des Schauspielbereichs, bekam ich unzählige Absagen, bevor ich einen Ausbildungsplatz zur Personalreferentin ergattern konnte. Sprosse für Sprosse arbeitete ich mich die Karriereleiter hinauf, während ich nachts für meinen Magister-Abschluss in Personalmanagement lernte.

Wie wir in diesem Buch noch sehen werden, sind die Karriereentscheidungen der meisten Menschen – meine eigenen eingeschlossen – sowohl von beruflichen als auch persönlichen Faktoren beeinflusst. Die unternehmerische Entscheidung, Personal Career Management zu eröffnen, entstand aus dem Glauben heraus, dass hochwertiges Karriere Coaching mehr Leuten zur Verfügung stehen sollte, um deren Karrieren voranzutreiben. Die persönliche Entscheidung dazu beruhte auf einer Veränderung meiner familiären Lebensumstände. Noch während meines Mutterschaftsurlaubes ließ mein Mann sich freiwillig freistellen. Wir hatten beide hektische Jobs in großen Unternehmen, wollten nun aber Familie und Beruf besser verbinden. Zusammen ein Unternehmen zu gründen, gab uns die Möglichkeit, eine Dienstleistung anzubieten, von der wir vollkommen überzeugt waren

– und das Ganze so zu gestalten, dass es unseren familiären Vorgaben entsprach. Diese Zeit war aufregend, beängstigend, aber ungemein lohnend. Acht Jahre später erkennt man die Firma, die in unserem Wohnzimmer das Licht der Welt erblickte, nicht mehr wieder. Wir haben mehrere Büros und ein talentiertes Coaching-Team und arbeiten jedes Jahr mit hunderten von Klienten aus Großbritannien, aber auch aus dem Ausland.

Zu meinen Karrierestationen gehören Freiberuflichkeit, Arbeitslosigkeit, Festanstellung, Wiedereinstieg und die Gründung meines eigenen Unternehmens – unterbrochen von mehreren Richtungswechseln und einigen Entlassungen. Ich weiß also aus eigener Erfahrung, wie sich Karriereveränderungen anfühlen, und diese Erfahrungen sind während meiner Arbeit als Coach ungemein hilfreich.

In diesem Buch werden wir uns Ihre eigene Laufbahn und deren zukünftige Ausrichtung genau ansehen. Ich freue mich darauf, Sie auf dieser Reise durch Ihr Berufsleben zu begleiten, Ihnen dabei zu helfen, die Landschaft zu verstehen, Ihre Route zu planen und die Steine, die Ihnen in den Weg gelegt werden, auf ein Minimum zu reduzieren.

Viel Glück,
Corinne

Vorwort von Janet Sheath

Über das Karriere Coaching

Der Karriere Coach ist, meiner Meinung nach, ein wirklich bahnbrechendes Buch.

Dieses Buch bietet Ihnen zum ersten Mal direkten Zugang zu Karrieremanagement-Techniken, die zuvor nur professionellen Karriereberatern vorbehalten waren.

Unser Berufsleben ist komplex. Wir müssen unsere Karriereziele auf die aktuellen Anforderungen des Arbeitsmarkts abstimmen, und das bedeutet, dass wir uns irgendwann unweigerlich beruflichen Veränderungen, Verwirrungen, aber auch neuen Chancen gegenübersehen. Fundierte Entscheidungen über unsere Karriere und eventuelle Berufswechsel zu treffen, ist dabei von grundlegender Bedeutung.

Karriereberatung kombiniert Elemente aus der Karriereforschung und der psychologischen Theorie mit Kenntnissen über den Arbeitsmarkt und organisatorische Abläufe. Sie ist also bestens dazu geeignet, Ihnen zu helfen, die Berufswelt und Ihre persönliche Entwicklung zu verstehen. Sie kann Ihre Karrieremanagement-Fähigkeiten ausweiten oder Sie während eines Arbeitsplatzwechsels und der Entwicklung von beruflicher Stabilität unterstützen. Das wiederum ist das Rüstzeug für einen guten beruflichen Werdegang im 21. Jahrhundert.

Ich arbeite seit mehr als 15 Jahren im Bereich des Karrieremanagements und habe mehr als 200 Karriereberater trainiert und bei ihrem Master-Studiengang am Birkbeck College der Universität London begleitet. Über die Jahre hinweg habe ich gesehen, wie das Karriereberatungsmodell von Personal Career Management sich entwickelt hat, und konnte beobachten, was Corinne und ihr Team, bestehend aus fähigen, engagierten und erfahrenen Berufsberatern, an entscheidenden Wendepunkten im Arbeitsleben vieler Menschen bewirkt haben.

Idealerweise sollten wir alle einen persönlichen Karriereberater haben, der uns an solchen Wendepunkten unterstützen kann. Die Realität sieht allerdings anders aus, und diese Möglichkeit ist nicht für alle verfügbar. Dieses Buch ist eine geniale Möglichkeit, Ihnen Corinnes bewährtes Modell zur Verfügung zu stellen, sodass Sie in aller Ruhe an Ihrer Karriere basteln können. Corinne hat es geschafft, ihre umfangreiche Erfahrung als Karriere Coach in ein benutzerfreundliches Buch zu packen, und macht so ihr Expertenwissen zum Thema Karrieremanagement und ihre Erfahrung einem breiteren Publikum zugänglich.

Der Karriere Coach ist mehr als ein Arbeitsbuch für das Berufsleben. Genauso wichtig wie die reine Vermittlung von Wissen ist, dass Corinne Ihnen als Ihre persönliche Karriereberaterin zur Seite stehen wird. Ihre Präsenz ist förmlich spürbar, während Sie Ihre eigene berufliche Laufbahn überdenken und Pläne für Ihre zukünftige Karriere schmieden. Ich hoffe, dass auch Sie die Wärme, das Mitgefühl und die Energie spüren, die Corinne ihren Klienten bietet.

Ich wünsche Ihnen beiden alles Gute auf Ihrer gemeinsamen Reise.

Janet Sheath

Lehrbeauftragte, Birkbeck College, University of London

Mitglied des Institutes für Karriereberatung (Institute of Career Guidance)

Danksagung

Danke, Jonathan, für deine Liebe, deinen Sinn für Humor und deine Furchtlosigkeit. Wir sind ein gutes Team.

Elliot und Louis – danke für eure Geduld, während ich dieses Buch geschrieben habe. Was auch immer ihr später einmal machen werdet, ich hoffe, dass euer Leben und eure Berufe euch erfüllen werden.

Danke auch an Janet Sheath, die mein Maßstab während meiner Arbeit im Karrieremanagement war. Ihr Ratschlag und ihre Beratung waren von unschätzbarem Wert und ohne sie hätte ich es niemals so weit gebracht.

Meinen Dank spreche ich auch dem Personal Career Management Beraterteam aus, das Tag für Tag Menschen dabei hilft, ihre Karrieren zu verändern. Es ist inspirierend, mit einer Gruppe von so talentierten, kompetenten und freundlichen Menschen zusammenzuarbeiten. Danke auch an Vicky, die so effizient für einen reibungslosen Ablauf in unserem Hauptbüro sorgt und die dabei half, die Quellen zum Thema Arbeitssuche in diesem Buch zusammenzutragen.

Danke auch an die vielen Klienten, mit denen ich über die Jahre hinweg gearbeitet habe. Es war außerordentlich angenehm und herausfordernd und ich habe so viel von euch gelernt. Zu euren beruflichen Veränderungen beitragen zu können, war mir eine Freude.

Schließlich würde ich gerne Beth Bishop und Alison Yates bei Trotman Publishing für ihre Unterstützung und ihr Feedback während der Entstehungszeit dieses Buches danken.

Über dieses Buch

Sind Sie bereit für Ihren nächsten Karriereschritt? Haben Sie die höchste Sprosse der Karriereleiter erklommen und sind nicht sicher, was Sie als Nächstes tun sollen? Vielleicht suchen Sie nach einer Karriereveränderung oder einer neuen Herausforderung. Womöglich haben Sie auch gesehen, dass jemand eine Blitzkarriere hingelegt hat, und wollen deshalb Ihre eigene ebenfalls beschleunigen.

Es gibt viele Gründe, die Sie dazu gebracht haben könnten, dieses Buch zu lesen:

- *Sie suchen eine neue Position, die Ihnen mehr Verantwortung, eine bessere Bezahlung oder weitere Aufstiegsmöglichkeiten verspricht*
- *Sie wollen einen Beruf hinter sich lassen, an dem Sie im Moment keinen Spaß haben*
- *Sie fühlen sich, als wären Sie in einer Sackgasse angekommen und wissen nicht, welche Ziele Sie in beruflicher Hinsicht erreichen möchten*
- *Sie suchen nach beruflicher Veränderung oder einem neuen Arbeitsplatz*
- *Sie wollen eine bessere Lebensqualität oder mehr Ausgeglichenheit zwischen Privatleben und Beruf.*

Vielleicht haben Sie bereits eine ganze Weile über diese Dinge nachgedacht. Möglicherweise ist auch kürzlich etwas passiert, entweder an Ihrem Arbeitsplatz oder in Ihrem Privatleben, das Ihrem Karrieremanagement eine neue Dringlichkeit verliehen hat.

Wie auch immer Ihre momentane Jobsituation aussieht, dieses Buch wird Ihre Karriereaussichten definitiv verändern! Wie werden wir das bewerkstelligen? Einen Zauberstab gibt es nicht, dafür aber ein Erfolgsrezept: die individuelle Karriere- oder Berufsberatung. Sie wird Ihnen helfen, Ihre Karriere objektiv zu betrachten, sodass Sie kluge, realistische Entscheidungen bezüglich Ihres nächsten Karriereschrittes fällen und somit Ihre Berufswünsche wahr werden lassen können.

Seit vielen Jahren nutze ich das Personal Career Management in meinem Unternehmen und habe damit tausenden von Menschen geholfen, erfolgreich in ihrer Karriere voranzuschreiten.

Karriereberatung basiert auf einer Kombination von relativ komplizierten Karriere- und Psychologietheorien, wie auch praktischem Wissen über den Arbeitsmarkt. Bis jetzt bedeutete das, dass man für eine Karriereberatung einen Spezialisten aufsuchen musste.

Das Ziel dieses Buches ist es jedoch, einen neuen, benutzerfreundlichen Weg der Berufsberatung zu bieten und diese so für jeden, der pro-aktiv seine Karriere managen möchte, zugänglich zu machen.

Wie dieses Buch funktioniert

Der Karriere Coach ist als praktisches Arbeitsbuch angelegt, mit Übungen zu jeder Phase des Analyseprozesses, damit Sie am Ende eine vollständige Karriereanalyse vorliegen haben. Im Laufe des Buches arbeiten wir auf Ihren Karriere-Maßnahmenplan hin, der Ihnen dabei helfen wird, Ihre beruflichen Ziele zu realisieren.

Zu Beginn lernen Sie, Ihre momentane Berufssituation und ihre Entstehung zu verstehen. Dann zeige ich Ihnen, wie Sie Ihr Karrierekapital einschätzen können, sodass Sie erkennen, was Sie zukünftigen Arbeitgebern zu bieten haben und wie Sie sich mit anderen Kandidaten messen können. Außerdem werden Menschen, die Sie gut kennen, Ihnen Feedback zu Ihren persönlichen Stärken und Ihrem Arbeitsstil geben. Dadurch lernen Sie, mit Ihren beruflichen Möglichkeiten kreativ umzugehen und den besten Weg auszuarbeiten, mit dem Sie Ihre Karriereziele erreichen können.

Wie auch bei allen anderen Dingen im Leben gilt: Je mehr Sie in dieses Buch hineinstecken, desto mehr bekommen Sie zurück. Sie werden manche Übungen leichter finden als andere, aber jede einzelne lohnt sich, und ich empfehle Ihnen, sie der Reihenfolge nach durchzuarbeiten, ohne eine auszulassen. Die Übungen funktionieren am besten, wenn Sie an einem ruhigen, ungestörten Ort in tiefgründige Gedanken, Reflexion und Recherche eintauchen können. Bei allen Übungen sind Beispielantworten angegeben. Diese spiegeln relativ typische Antworten der Klienten unserer Karriereberatung wieder.

Die Arbeit an diesen Übungen wird es Ihnen ermöglichen, Schritt für Schritt Ihren eigenen Karriere-Maßnahmenplan zu entwickeln, der Sie auf Ihrem Weg zum Erfolg anleiten wird. Viele der Übungen werden Ihnen direkt dabei helfen, Ihren Plan zu entwickeln, und wir haben angegeben, wo das der Fall ist.

Am Ende eines jeden Teils gibt es eine Reflexionsübung, bei der Sie Ideen, Schlüsselargumente, Gedanken oder Fragen, die bis dahin aufgekommen sind, notieren können. Dies ist eine Möglichkeit, Ihren Fortschritt während des Beratungsvorgangs aufzuzeichnen, sowie das Gelernte festzuhalten und alles, was für Sie von Bedeutung ist – einschließlich der Maßnahmen, die Sie durchführen müssen – zu notieren. Diese Übungen sind besonders wichtig, wenn Sie am Ende des Buches in Teil 7 dazu kommen, Ihre Karriere kurz zusammenzufassen – was wiederum ein nützliches Referenzdokument für Ihre zukünftige Karriere werden wird.

Wenn Sie dieses Buch lesen, wird Ihnen klar werden, dass andere Leute eine enorme Hilfe auf Ihrem beruflichen Weg sein können.

Im Buch gibt es spezielle Übungen, bei denen explizit vorgeschlagen wird, dass Sie auf Außenstehende zugehen und sie um ihr Feedback bitten. Deren Meinung, Ratschläge und Informationen können als sinnvolles Gegengewicht zu Ihrer eigenen natürlichen Subjektivität dienen. Erfahrungsgemäß sind die meisten Menschen sehr erfreut, wenn sie um ihre Meinung gebeten werden. Wenn Sie mehr Platz für Ihre Antworten benötigen, als im Buch vorhanden ist, besuchen Sie unsere Webseite:

www.buchzumberuf.de/buchshop/karriere-coach.html

Hier finden Sie auch ausgewählte Übungen, die Sie auf Ihren Computer herunterladen können. Alle herunterladbaren Aufgaben sind mit diesem Symbol markiert

Anmerkungen zur deutschen Ausgabe

Um das Buch an die Situation in Deutschland anzupassen, wurden die Links am Ende der englischen Ausgabe durch Internetadressen ausgetauscht, die für Leser/innen in Deutschland relevant sind.

Außerdem wurde der Abschnitt „Zeitarbeit und Interimsmanagement" in Kapitel 5 in der Übersetzung inhaltlich abgeändert, um die Informationen auf den deutschen Arbeitsmarkt abzustimmen.

Teil 1

Beleuchten Sie die Hintergründe Ihrer aktuellen Karrieresituation

Wir werden den Karriere Coaching-Prozess damit starten, dass wir eine sehr gründliche Diagnose Ihrer Karrieresituation durchführen. Ihre Karriere ist vielfarbig und es lohnt sich, die vielen Seiten zu betrachten, wenn Sie ergründen wollen, was in Ihrem Berufsleben vorgeht. Dies ist ein wichtiger erster Schritt, denn oft verliert man das Gesamtbild aus den Augen, weil man sich zu engstirnig auf ein akutes Problem fixiert.

Wir beginnen damit, einen Überblick über Ihre momentane Situation zu bekommen, bevor wir sie genauer und aus verschiedenen Perspektiven untersuchen.

Und das lernen Sie in diesem Teil:

- ✓ einen beruflichen Gesundheits-Check durchführen
- ✓ ein Bild Ihrer Welt zeichnen
- ✓ Ihre Work-Life-Balance analysieren
- ✓ Ihre Prioritäten für Veränderungen herausarbeiten

1.1 Karriere-Start

Machen wir zuerst eine Bestandsaufnahme Ihrer gegenwärtigen Situation. Wie bei allen Übungen in diesem Buch gilt: Beantworten Sie die Fragen möglichst ehrlich. Es gibt keine richtigen oder falschen Antworten. Die Übungen sind einfach gehalten und geben Ihnen die Möglichkeit gründlich über Ihre Karriere nachzudenken.

TIPP

Schreiben Sie so viel wie möglich auf, denn der Schreibvorgang hilft Ihnen dabei, unbewusste Gedanken an die Oberfläche zu holen.

1

Übung 1: Der Karriere-Gesundheitscheck

▸ Schreiben Sie Ihre Antworten zu den folgenden Fragen auf, und zwar so detailliert wie möglich. Falls Sie im Moment keinen Job haben, dann beantworten Sie die Fragen im Hinblick auf frühere Anstellungen. Auf S. 24 finden Sie ein vollständiges Beispiel, falls Sie einen Leitfaden dafür brauchen, was Sie notieren könnten.

Es ist Montag Morgen. Wie fühlen Sie sich bei dem Gedanken, gleich auf die Arbeit zu gehen?

Kommt darauf an wohin ich muss

▸▸

Was genau mögen Sie oder interessiert Sie an Ihrer Arbeit? weiß ich nicht

Welche Aspekte Ihres Berufes sind am unangenehmsten oder uninteressantesten?

welcher Beruf

Wie sehen Ihre Beziehungen zu Vorgesetzten und Kollegen aus?

gut

Hat Ihre Jobsituation Ihr Leben außerhalb der Arbeitszeit beeinflusst?

ja

Wenn Sie mit anderen über Ihren Beruf reden – klingt das dann positiv oder negativ?

negative

Was denken Freunde und Familie über Ihre berufliche Situation?

Sie halten mich für seltsam und sagen ich soll was vernünftiges suchen

▶▶

Was würden Sie gerne an Ihrer aktuellen Tätigkeit ändern?

weniger hin und her
weniger Stress
mehr Geld

Haben Sie eine Idee, in welcher beruflichen Funktion Sie gerne als Nächstes tätig sein wollen? Falls ja, welche ist das?

keine Ahnung

Gibt es irgendwelche Bedrohungen, wie z. B. Entlassungen, an Ihrem jetzigen Arbeitsplatz?

nein

Wie hoch schätzen Sie Ihre beruflichen Fähigkeiten ein – und wie haben Sie das getestet?

kommt auf Aufgabe an

Gibt es noch etwas, das im Hinblick auf Ihre Karriere von Bedeutung ist?

Tanzen muss möglich bleiben

Beispiel von Guido

(so könnten die Fragen aus Übung 1 beantwortet sein)

Das Gefühl bei dem Gedanken, gleich auf die Arbeit zu gehen?

- Ich habe ein ungutes Gefühl im Magen, wenn ich im Zug auf dem Weg zur Arbeit sitze. Wenn ich einmal dort bin, ist es nicht so schlimm, aber außerhalb der Arbeitszeiten möchte ich gar nicht daran denken, wieder hinzugehen.

Was mögen Sie an Ihrer Arbeit?

- Ich mag die Arbeit mit Kunden, Lösungen für ihre Anfragen zu finden und zu vermitteln. Gute Kundenbeziehungen sind mir wichtig und es fühlt sich gut an, wenn ich Probleme für sie lösen kann.

Uninteressante Aspekte Ihres Berufes?

- Verwaltungsarbeit, unsere Datenbank zu füttern, Protokollieren, etc. Finde es einfach langweilig. Werde ständig vom Chef getadelt, weil der Papierkram auf eine bestimmte Art und Weise erledigt werden soll, aber so viel Arbeit und Mühe da reinzustecken, fühlt sich an wie die reine Zeitverschwendung.

Beziehung zu Kollegen und Vorgesetzten?

- Im Großen und Ganzen unterstützen wir uns gegenseitig, aber ich glaube, niemand sieht so richtig, wie viel ich für die Firma tue, vor allem für die Kunden. Ich bin nicht sicher, ob jemand anderes mich in diesem Bereich meines Jobs ersetzen könnte.

Einfluss der Arbeit außerhalb der Arbeitszeiten?

- Es macht mir nichts aus, auch am Wochenende mit den Kunden zu reden, wenn es sie glücklich macht, aber manchmal kann das auch nervig sein.

▶▶

Wie sprechen Sie mit anderen über Ihren Beruf?

- Sehr negativ. Ich fühle mich unverstanden und es verärgert mich, dass ich übergangen werde und andere bevorzugt werden.

Was sagen Freunde und Familie über Ihren Job?

- Sie denken, ich muss mich besser organisieren.

Veränderungswünsche im jetzigen Job?

- Einen persönlichen Assistenten, der meinen Papierkram erledigt.

In welcher Funktion wollen Sie als Nächstes tätig sein?

- Ich will eine Beförderung innerhalb meiner Firma oder, wenn das nicht funktioniert, in einem anderen Unternehmen.

Bedrohungen an Ihrem Arbeitsplatz?

- Möglicherweise drohende Entlassungen.

Ihre Arbeitsfähigkeiten?

- Ich denke, ich bin sehr arbeitsfähig, aber bisher hatte ich wenig Erfolg mit meinen Bewerbungen.

Andere wichtige Dinge bezüglich der Karriere?

- Die Firma wird gerade umstrukturiert, also besteht die Möglichkeit, dass die Anzahl der Arbeitsplätze in meiner Abteilung gekürzt wird.

Nun, da wir diesen Einstiegs-Check beendet und einen Überblick über Ihre momentane Jobsituation bekommen haben, lassen Sie uns weiter gehen und alles etwas genauer beleuchten ...

1.2 Ihre Welt

„Realität ist eine Illusion, allerdings eine sehr hartnäckige." Albert Einstein

Sie sind einzigartig und somit ist das auch Ihr Weltbild. Deswegen kommen Sie nicht umhin, Ihre Karriere aus einem sehr persönlichen Blickwinkel zu betrachten.

Beispielsweise kann es vorkommen, dass Sie Ihre Arbeit langweilig finden, wohingegen einer Ihrer Kollegen mit einem ganz ähnlichen Job darin aufgeht und ihn liebt. Sie finden vielleicht den Weg morgens zur Arbeit entspannend, während andere ihn hassen. Womöglich fällt es Ihnen schwer, sich vorzudrängeln, wenn sich eine Aufstiegschance in Ihrem Job bietet. Ein weniger talentierter Kollege kennt solche Zurückhaltung allerdings nicht.

Diese Subjektivität ist nur natürlich und wird vermutlich von vielen Dingen beeinflusst, wie z.B. Ihrer momentanen Gefühlslage, Ihrer Erziehung, kulturellen Faktoren, Ihren Erwartungen an sich selbst und Ihrer bisherigen Lebenserfahrung. Diese Elemente werden wir während des Karriere Coachings detailliert betrachten.

Es gibt viele Gelegenheiten, bei denen uns diese Subjektivität zugutekommt, z.B. wenn sie uns durch harte Zeiten hilft, weil wir dadurch daran glauben, dass an der nächsten Ecke schon wieder etwas Gutes auf uns wartet.

Allerdings kann sie uns auch manchmal Stolpersteine in den Weg legen. Viele Kunden nehmen beispielsweise unser Karriere Coaching in Anspruch, weil sie es schwierig finden, vor anderen positiv über sich selbst zu reden, da sie das mit Angeberei gleichsetzen.

In diesem Kapitel werden wir uns sehr genau mit Ihrem subjektiven Weltbild beschäftigen, da – egal ob Sie sich dessen bewusst sind oder nicht – Ihre Karrierewahrnehmung Ihre Realität formen wird. Sie filtert die

Informationen, die Sie aufnehmen, und beeinflusst Ihr Verhalten und Ihre Karriereentscheidungen. Wo Emotionen im Spiel sind, kann Ihre Selbstwahrnehmung sogar noch verdrehter als gewöhnlich sein.

Um Ihnen also dabei zu helfen, Ihr Innerstes ein bisschen besser zu verstehen, füllen Sie die folgende Übung aus und tauchen dabei tiefer in Ihre eigene Welt ein.

Übung 2: Zeichnen Sie Ihre Welt

Sie werden nun ein Bild über Ihre Welt zeichnen. Und damit ist kein realistisches Bild gemeint, sondern das Bild Ihrs innersten Zustandes: Ihre Zeichenfertigkeit ist dabei der unwichtigste Faktor. Vielleicht wollen Sie es farbig gestalten, damit es lebendiger wirkt und Ihre Kreativität noch mehr fördert.

Finden Sie einen Weg, alle Ihre Gefühle im Bild darzustellen.

Ihre Zeichnung kann dabei lebensecht oder abstrakt sein oder die Form eines Diagrammes haben. Sie kann reale Dinge wie Personen oder Orte, sowie nicht greifbare Elemente, wie z.B. Emotionen, Ereignisse oder Metaphern beinhalten.

Es gibt keine Regeln dafür, was Sie darstellen sollen, aber hier sind einige Anregungen für Sie:

- *Ihre* **Kernprobleme** *wie z.B. schwierige Beziehungen am Arbeitsplatz*
- *sämtliche Angelegenheiten, die Ihnen auf der* **Seele brennen**, *wie z. B. berufliche Unentschlossenheit oder innere Konflikte*
- **wichtige Leute** *wie Familienmitglieder und geliebte Personen*
- *Ihre Gesundheit und Ihr* **Wohlbefinden**, *z.B. Stress oder Angstzustände*
  Ihre **Verpflichtungen** *und Prioritäten, beispielsweise Familienleben und Hobbys*
- *Ihr Sozialleben und Ihre außerberuflichen* **Aktivitäten**

1. Seien Sie so spontan wie möglich und bauen Sie alles ein, was Ihnen durch den Kopf geht – selbst wenn es auf den ersten Blick unwichtig wirkt. Haben Sie Spaß dabei, kreativ zu sein und sich ausdrücken zu dürfen. Niemand außer Ihnen muss dieses Bild verstehen können, also machen Sie sich keine Gedanken darüber, wie es aussieht.

2. Nehmen Sie sich mindestens 20 Minuten Zeit für Ihr Bild, das Sie entweder auf im Freiraum hier unten oder auf einem einzelnen Blatt Papier anfertigen können.

Tipp: Auf Seite 30 finden Sie ein Beispiel, das Sie als Inspirationsquelle nutzen können.

3. Sobald Ihre Zeichnung vollständig ist, nehmen Sie sich einen Moment Zeit. Denken Sie darüber nach, was sie Ihnen sagen will. Beantworten Sie im Anschluss die folgenden Fragen:

- *Welche Schlüsselelemente haben Sie in Ihr Bild eingebaut und aus welchem Grund?*

- *Sind Personen auf Ihrem Bild? Falls ja, beschreiben Sie Ihre Beziehungen zu ihnen.*

- *Falls vorhanden, welche Gefühle haben Sie bewegt, und welche davon sind abgebildet? Beispielsweise Liebe, Stolz, Unsicherheit oder Frustration?*

- *Zeigt Ihr Bild Konflikte oder Spannungen?*

- *Welche positiven Inhalte haben Sie auf Ihrem Bild dargestellt?*

- *Fallen Ihnen wichtige Elemente ein, die Sie auf dem Bild vergessen haben oder die Sie als gegeben hinnehmen und deshalb nicht aufgezeichnet haben?*

- *Was halten Sie momentan für Ihre größte Herausforderung?*

- *Wenn Sie nur ein Element Ihrer momentanen Situation ändern könnten – was wäre es?*

- *Gibt es etwas, das Sie jetzt tun könnten und das Ihre Zeichnung sofort positiv verändern würde?*

- *Haben Sie noch etwas anderes aus dieser übung gelernt?*

Beispiel „meine Welt" von Andrea

Meine Sicht der Dinge – was sagt die Zeichnung?

Welche Schlüsselelemente haben Sie in Ihr Bild eingebaut und aus welchem Grund?

- Mich selbst, wie ich überall herumrenne, weil ich immer unter Strom stehe und in Eile bin. Morgens ist noch die schönste und ruhigste Zeit. Zum Glück ist mein Sohn Frühaufsteher und geht pünktlich zur Schule. Ich lese ihm unglaublich gerne Gute-Nacht-Geschichten vor, aber meist bin ich selbst so müde, dass ich ihm nicht die Aufmerksamkeit gebe, die er verdient. Das Genörgel meines Chefs und die ewigen Streitereien mit meinem Partner nerven.

Sind Personen auf Ihrem Bild? Falls ja, beschreiben Sie Ihre Beziehungen zu ihnen.

- Mein cholerischer Chef und die monotone Arbeit, die mich täglich erwartet. Aber ich brauche das Geld. Mein Partner. Wer weiß, wie lange meine Beziehung noch hält. Mein Sohn, dem ich leider nicht so viel Zeit widmen kann, wie ich möchte.

Falls vorhanden, welche Gefühle haben Sie bewegt, und welche davon sind abgebildet? Z.B. Liebe, Stolz, Unsicherheit, Frustration.

- Meine vorherrschende Emotion ist Erschöpfung. Fühle mich müde vom vielen Hin- und Herlaufen. Ich habe Zweifel, ob ich meine Leben gut meistere. Ich sehne mich nach Bestätigung. Alle hacken nur auf mich herum. Mache ich wirklich schlechte Arbeit? Eigentlich liebe ich mein Kind und bin froh, ihn zu haben.

Zeigt Ihr Bild Konflikte oder Spannungen?

- Ja, Konflikte mit meinem Partner und die schlechte Stimmung auf der Arbeit.

Welche positiven Inhalte haben Sie auf Ihrem Bild dargestellt?

- Dem Kind geht's gut. Er hat gute Noten in der Schule und ist selbständig.
  Ich habe einen Job und genug Geld zum Leben.

Fallen Ihnen wichtige Elemente ein, die Sie auf dem Bild vergessen haben oder die Sie als gegeben hinnehmen und deshalb nicht aufgezeichnet haben?

- Ich hatte schon lange keinen erholsamen Urlaub mehr. Habe meine Freunde und mein Sozialleben weggelassen, vermutlich weil es momentan nicht vorhanden ist. Trotzdem sind meine Freunde eine große Unterstützung für mich.

Was halten Sie momentan für Ihre größte Herausforderung?

- Wieder Herrin über mein Leben zu werden – ohne dass sich das negativ auf mein Einkommen auswirkt. Eine komplette berufliche Neuorientierung ist mir zu riskant, aber wenn ich so weitermache, droht mir der Burn-Out.

Wenn Sie nur ein Element Ihrer momentanen Situation ändern könnten, was wäre es?

- Ich würde gerne flexibler arbeiten, idealerweise ein paar Tage die Woche von zuhause aus.

Gibt es etwas, das Sie jetzt ändern könnten und das Ihre Zeichnung sofort positiv verändern würde?

- Mit meinem Chef über flexiblere Arbeitszeiten reden. Oder nach einem neuen Job (und damit auch einem neuen Chef) suchen, der mir diese bieten könnte.
  Eine bessere Konfliktbewältigung.

Haben Sie noch etwas anderes aus dieser Übung gelernt?

- Ich fühle mich in die Ecke gedrängt. Ich weiß, was ich tun sollte, aber das benötigt mehr Energie, als ich im Moment habe und das frustriert mich.

Wie fanden Sie diese Übung? Haben Sie sich richtig im Zeichenprozess verloren? Konnten Sie Ihre augenblicklichen Gefühle ausdrücken? Falls nicht, versuchen Sie diese Übung erneut und erlauben Sie sich diesmal, voll darin aufzugehen. So sollten Sie es bei jeder Übung in diesem Buch machen, um den größten Nutzen daraus zu ziehen.

Ihre Weltsicht

Diese Bilder stellen oft sehr deutlich dar, wo akute Probleme und Spannungen liegen, wie wir darüber denken und wie sie mit anderen Aspekten unseres Lebens zusammenhängen.

Ich habe z.B. viele Bilder gesehen, bei denen der Zeichner sich nicht sicher war, ob seine Karriere die richtige für ihn war. Dieser Aspekt hat dann fast das ganze Bild eingenommen – dargestellt durch große Fragezeichen, schwarze Wolken oder Wegkreuzungen, die alles andere verblassen ließen. In anderen Zeichnungen wird die Konkurrenz zwischen Arbeit und Privatleben dargestellt, indem der Zeichner körperlich zwischen beidem bis zum Zerreißen gestreckt ist; oder sie zeigen eine zentrale Idee, um die sich alles andere dreht, wie z.B. Familie, Religion, Geld oder ein Karriereziel.

Wenn Elemente Ihres Bildes überproportional groß sind, ist das ein Spiegel und zeigt, wie sehr Sie darüber nachdenken oder sich darüber Sorgen machen und versuchen, damit klarzukommen.

Ich erinnere mich an eine Klientin, die einen Staubsauger gezeichnet hat. Er stand symbolisch für ihr Bemühen, Job und Hausarbeit unter einen Hut zu bringen. Eine Aufgabe, die sie förmlich erdrückte. Staubsaugen war also nicht das Wichtigste in ihrem Leben – aber das, für was dieses Symbol stand, war in der Tat gewaltig.

Anne: „Es fühlte sich an, als steckte ich mit den Füßen in Treibsand – ich konnte mich nicht rühren und wurde hinabgezogen. Wohingegen sich alle anderen Menschen um mich herum frei bewegen konnten. Allen schien es gut zu gehen, aber ich fühlte mich bedeutungslos, festgefahren, ignoriert."

Weil Ihr Bild subjektiv ist, ist die Interpretation eine sehr persönliche Sache. Nur Sie wissen genau, warum Sie manche Dinge dargestellt haben, andere hingegen nicht, und warum Sie sie auf diese und keine andere Weise dargestellt haben. Diese Übung ist einfach eine Reflexion bewusster und unbewusster Gedanken, die Sie momentan beschäftigen.

Ihr Gefühlsleben zu verstehen, ist ein grundlegender Bestandteil der Karriere Beratung, denn Ihre Karriere zu regeln, kann psychisch sehr fordernd werden. Das Coaching beinhaltet für die meisten Menschen Aktivitäten, die außerhalb ihrer Wohlfühlzone liegen. Beispielsweise, wenn Sie einem zukünftigen Chef Ihre Fähigkeiten gut verkaufen müssen. Emotionen können Sie zum Handeln animieren, aber sie können die Dinge manchmal auch unnötig schwer machen.

Diese Übung soll Ihr Bewusstsein für die emotionalen Kräfte öffnen, die in Ihnen wirken. Sie werden feststellen, dass diese Kräfte immer wieder auftauchen, während Sie Ihre Reise durch dieses Buch fortsetzen. Wenn Ihnen bewusst ist, welchen Einfluss Emotionen auf Sie haben, können Sie entscheiden, ob Sie sie zulassen oder zurückdrängen wollen.

Thomas: „Mein Bild zeigte mir, wie wenig Vertrauen ich in meine eigenen Fähigkeiten setze. Es war voll von Selbstzweifeln – obwohl ich in diesem Jahr eine sehr gute Leistungsbeurteilung hatte. Ich habe keine der Personen dargestellt, die mich unterstützten, sondern mich nur auf die negativen Personen konzentriert."

▸ In Kapitel 6.2 dieses Buches werden wir uns insbesondere den praktischen Strategien widmen und herausarbeiten, wie Sie Ihre Emotionen während Zeiten der beruflichen Veränderung unter Kontrolle behalten können. Außerdem werden wir uns bestimmte Sichtweisen vorknöpfen, die Sie möglicherweise daran hindern, berufliche Fortschritte zu machen.

1.3 Work-Life-Balance

Betrachten wir Ihre momentane Situation nun aus einem anderen Blickwinkel – nämlich aus Ihrem Privatleben heraus.

Mangelnde Work-Life-Balance, also das Ungleichgewicht zwischen Arbeit und Privatleben, war vielleicht der Hauptgrund, weswegen Sie dieses Buch gekauft haben und ist das, was Sie am meisten an Ihrer jetzigen Situation ändern wollen. Auch wenn Sie kein Ungleichgewicht empfinden, kann dieses Kapitel für Sie hilfreich sein. Es wird Ihnen einen wichtigen Orientierungswert für eine glückliche und gesunde Balance zwischen Arbeit und Privatleben bieten. Das ist etwas, das man immer im Blick haben sollte.

Die Balance richtig hinbekommen

Obwohl viele Arbeitgeber ihrem Personal flexible und familienfreundliche Strukturen zur Verfügung stellen, erwarten sie doch von ihren Mitarbeitern, dass das Privatleben nicht mit der Arbeitszeit kollidiert.

Im Karriere Coaching ist es allerdings wichtig, sich von dieser strikten Aufteilung in Arbeits- und Privatleben loszusagen. Selbst wenn Sie denken, dass Sie beides voneinander trennen können, stehen beide Bereiche doch in ständigem Dialog miteinander.

Sie haben Karriereträume, aber vermutlich haben Sie ebenso Lebensziele. Vielleicht möchten Sie eine tragfähige Partnerschaft führen, die Welt bereisen, ein eigenes Haus bauen, glückliche Kinder erziehen, eine bahnbrechende Entdeckung machen, Ihre Spiritualität vertiefen oder irgendetwas anderes, was für Ihr Selbstbild und Ihren Lebenssinn wichtig ist. Diese Dinge beeinflussen folglich auch Ihre Karriereentscheidungen.

Andreas: „Als ich realisierte, dass ich für die Arbeit nur Anzüge im Kleiderschrank hatte und für meine Freizeit nur Jogginghosen, wurde mir auf einen Schlag klar, dass ich nie etwas unternehme außer zur Arbeit zu gehen."

Sie haben auch andere Rollen, Verpflichtungen und Interessen, die Ihnen am Herzen liegen, wie z.B. Elternteil, Partner, Freund, Betreuer zu sein, ein Ehrenamt zu bekleiden oder Hobbys auszuüben.

Idealerweise ergänzen Ihr Job und Ihr Privatleben sich gegenseitig. Oft kommt es allerdings zu Spannungen zwischen beidem.

„Wenn Sie es versäumen, eine Batterie aufzuladen, dann wird sie leer."

Oprah Winfrey

Einige dieser Spannungen sind womöglich in Übung 2 aufgedeckt worden. Manchmal sind nur kleine Zugeständnisse notwendig, die schnell vorbei gehen und insgesamt akzeptabel sind. Ab und an werden Sie länger arbeiten müssen, um ein Projekt zu Ende zu bringen, einen knappen Abgabetermin einzuhalten oder mit einem Notfall fertig zu werden. Ihr Job beinhaltet vielleicht häufige Geschäftsreisen oder viel Wochenendarbeit, aber wenn Sie und Ihre Familie das gerne akzeptieren, stellt es nicht zwangsläufig ein Problem dar.

Die Work-Life-Balance muss man jedoch gut im Auge behalten, denn oft nimmt die Arbeit den meisten Raum ein und lässt wenig Zeit und Energie für andere Dinge. Wenn wir es nicht schaffen, uns Zeit für Freizeitaktivitäten und eigene Interessen zu nehmen, werden wir gefährlich engstirnig und verlieren unsere eigene Identität. Jeder braucht anderweitige

Interessen, die uns dabei helfen, die Perspektive zu behalten und uns daran erinnern, dass wir Menschen sind und keine Arbeitstiere.

Andernfalls kann es passieren, dass wir unserer Gesundheit, unserem Wohlbefinden und unseren Beziehungen enormen Schaden zufügen, und das ist weder für unsere Karriere noch für unser Privatleben gut.

Das bedeutet aber nicht, dass wir im Beruf die Füße hochlegen sollen, denn wenn wir unseren Job behalten oder sogar Karrierefortschritte machen wollen, dann wird von uns echter Einsatz erwartet. Es besteht auch kein Zweifel daran, dass wir in wirtschaftlich unsicheren Zeiten mit zusätzlichem Druck durch Arbeitsplatzunsicherheit und Überstunden fertig werden müssen und daran im Grunde nichts ändern können.

Denken Sie über Ihr Gleichgewicht nach

Die Realität sieht so aus, dass viele Menschen nicht nur viel arbeiten, sondern auch in ihrer Freizeit ständig an die Arbeit denken.

- 52 Prozent der deutschen Arbeitnehmer fühlen sich an ihrem Arbeitsplatz erheblich gestresst. Jeder fünfte macht mehr als zehn Überstunden pro Woche. Das ergab eine Umfrage des Deutschen Gewerkschaftsbundes unter 6083 Arbeitnehmern aus verschiedenen Branchen. Auch die Vermischung von Privat- und Berufsleben schreitet voran: 27 Prozent der Befragten gaben an, häufig in ihrer Freizeit für die Firma erreichbar sein zu müssen. Fast die Hälfte der Befragten gingen 2011 mindestens zweimal zur Arbeit, obwohl sie sich eindeutig krank fühlten.

  Quelle: DGB, Spiegel Online

Klingt das ganz nach Ihnen? Aber ist wirklich die Firma schuld, wenn Sie nach Feierabend zusammenbrechen und keinerlei Energie mehr für andere Lebensbereiche haben? Verlangt Ihre Firma Ihnen wirklich so viel ab? Oder kann es sein, dass Sie selbst und nicht Ihr Arbeitgeber dafür verantwortlich sind, dass die Grenze zwischen Arbeit und Privatleben immer mehr verschwimmt?

Frank: „Ich hatte eine schwierige Kundin, die mich auch regelmäßig am Wochenende anrief, einfach, um zu nörgeln. Das brachte mich furchtbar auf die Palme. Dann hatte ich eines Tages genug und sagte ihr, dass ich künftig am Wochenende nicht mehr für Anrufe zur Verfügung stünde. Sie hat es weiterhin versucht, aber ich ließ sie auf den Anrufbeantworter sprechen. Sie ist immer noch sehr unangenehm, aber immerhin muss ich sie jetzt nur noch unter der Woche ertragen. Ich hätte schon zu Beginn klare Regeln für sie aufstellen sollen."

Das Ungleichgewicht zwischen Arbeit und Privatleben ist ein verbreitetes Problem und kommt im Karriere Coaching häufig zur Sprache. Manchmal ist die Lösung, einfach einen anderen Job zu finden oder sogar einen Berufswechsel vorzunehmen. Wenn Sie zum Beispiel als Investmentbanker arbeiten, müssen Sie von vorneherein damit rechnen, dass sie von frühmorgens bis spät am Abend arbeiten – und wenn Sie das nicht möchten, müssen Sie die Branche wechseln.

Probleme können aber auch durch die Erwartungen entstehen, die wir an uns selbst stellen.

Doris: „Mein Chef schickt mir zu jeder erdenklichen Tages- und Nachtzeit E-mails. Muss ich jetzt auch noch ein unter Schlaflosigkeit leidender Workaholic werden?"

Ich habe mit einigen Klienten gearbeitet, die sich verzweifelt an uns Karriere Coachs gewendet haben, weil sie dachten, ihr Chef erwarte von ihnen einen Einsatz rund um die Uhr.

Es gab z.B. eine Managerin, die völlig ausgebrannt zu uns kam. Sie arbeitete bis spät in die Nacht hinein und kam schon frühmorgens vor allen anderen ins Büro, um den Arbeitsrückstand aufzuholen. Hatte ihre Firma wirklich von ihr verlangt, so viele Stunden zu arbeiten? Ja. Ohne die Einstellung eines weiteren Mitarbeiters war der Rückstand nicht zu vermeiden. Hat sie dieses Problem jemals bei ihrem Arbeitgeber angesprochen? Nein. Es stellte sich heraus, dass sie in ihren letzten drei Jobs schon ein ähnliches Verhaltensmuster entwickelt hatte. Ihr Ungleichgewicht zwischen Arbeit und Privatleben hatte mehr mit ihrem eigenen geringen Selbstwertgefühl und ihrem Mangel an Durchsetzungsvermögen zu tun, als mit einem strengen Arbeitgeber. Sie hätte dieses Problem an jeden anderen Arbeitsplatz mitgenommen, wenn sie nicht gelernt hätte, ihre Grenzen neu zu ziehen.

Das soll nicht heißen, dass es keine unvernünftigen Chefs gibt oder Firmen, in denen lange Arbeitszeiten normal sind, denn die gibt es natürlich. Eine Studie im Rahmen der Gesundheitsberichterstattung aus dem Jahr 2011 zeigt, dass ca. 14% der Frauen und 20% der Männer deren Arbeitsbedingungen als stark bzw. sehr stark gesundheitsgefährdend empfinden.

Wenn Sie zu denjenigen gehören, die dauerhaft Überstunden machen, müssen Sie dafür einen Preis zahlen. Nicht nur Ihr Privatleben wird darunter leiden, auch Ihre Arbeitsleistung wird davon beeinflusst. Müdigkeit kann Ihr Urteilsvermögen und Ihre kognitiven Fähigkeiten beeinträchtigen. Sie machen Fehler und verschlechtern Ihre Arbeitsqualität. Außerdem steigt die Wahrscheinlichkeit, dass Sie krank werden.

Es ist viel besser, den Arbeitstag zu einer vernünftigen Uhrzeit zu beenden und am nächsten Tag ausgeruht und mit neuer Begeisterung zu starten.

Wenn das Pensum tatsächlich nicht zu bewältigen ist, lohnt sich auch ein Gespräch mit dem Chef. Fragen Sie nach, welche Ihrer Aufgaben Priorität haben und welche warten können. Bitten Sie Ihren Vorgesetzten um einen späteren Abgabetermin oder zusätzliche Unterstützung. Wenn Sie ihm nicht sagen, dass es ein Problem gibt, kann er es nicht wissen, bis Ihre Arbeitsleistung darunter leidet – und dann liegt kein günstiger Zeitpunkt vor, um das Gespräch mit dem Chef zu suchen.

Verbessern Sie das Gleichgewicht

Für viele Menschen ist es kompliziert, ihre Arbeit und ihr Privatleben bis zu einem gewissen Grad auszubalancieren, aber es gibt viele Dinge, die man tun kann, um die Work-Life-Balance zu verbessern.

Die folgende Übung wird Ihnen helfen, Konflikte, die das Gleichgewicht stören und die thematisiert werden müssen, zu erkennen und Ihnen Lösungsvorschläge dafür bieten, wie Sie Ihre Work-Life-Balance wiederherstellen können.

3

Übung 3: Beurteilung Ihrer Work-Life-Balance

Überdenken Sie die unterschiedlichen Aspekte Ihres Privatlebens, wie sie im Folgenden umrissen sind. Dazu gehören:

1. Was läuft gut?
2. Welche Auswirkungen, wenn überhaupt welche, hat es auf Ihr Arbeitsleben, und andersherum?
3. Was muss verbessert werden, und wie könnte man das angehen?

Schreiben Sie Ihre Antworten in die Box auf Seite 43 . Fügen Sie selbst weitere Überschriften hinzu, wenn Sie glauben, dass auch diese Bereiche Ihres Lebens gesonderter Aufmerksamkeit bedürfen.

Auf den Seiten 44 und 45 finden Sie ein Beispiel zur Orientierung.

■ Familie

Sind Sie der Meinung, dass Sie viel Zeit mit Ihrer Familie verbringen? Dazu gehören z.B. Ausflüge am Wochenende, den Kindern bei den Hausaufgaben helfen, die Betreuung eines gealterten Elternteils oder einfach ein Besuch bei Familienangehörigen.

■ Persönliche Beziehungen

Wie sieht es in der Liebe aus? Ist alles so, wie Sie es sich wünschen? Gibt es andere wichtige Beziehungen, die nicht so funktionieren, wie Sie es sich erhofft haben?

■ Finanzen

Jeder hätte gerne mehr Geld, aber haben Sie tatsächlich finanzielle Probleme? Wenn dem so ist, welche Risiken gibt es und was können Sie an Ihrer Situation ändern?

■ Freizeit

Wie sieht Ihr Sozialleben aus? Haben Sie neben der Arbeit ausreichend Freizeit, um sich auszuruhen? Gibt es Zeiten, zu denen Sie einfach Spaß haben und in denen Sie Ihre Energiespeicher aufladen können?

■ Persönliches Wachstum

Sind Sie intellektuell, spirituell und körperlich so ausgelastet wie Sie es sich wünschen? Haben Sie Interesse am Lernen und persönlicher Weiterentwicklung, Selbsthilfeliteratur oder den bildenden Künsten? Sind Sie religiös? Lieben Sie körperliche Herausforderungen wie z.B. Marathontraining oder Tanzkurse?

■ Gesellschaftliches Leben

Haben Sie Verpflichtungen in Ihrem Umfeld, die Ihnen wichtig sind? Arbeiten Sie z.B. ehrenamtlich, unterstützen Sie eine Partei, sitzen Sie im Elternbeirat der Schule oder sind Sie Mitglied einer Bürgervereinigung? Sind Sie gesellschaftlich so stark engagiert, wie Sie es gerne wären?

■ Gesundheit und Wohlbefinden

Haben Sie gesundheitliche Probleme? Fühlen Sie sich wohl in Ihrer Haut? Gibt es Menschen in Ihrem Umfeld, die bezüglich Ihres gesundheitlichen Zustandes Bedenken angemeldet haben?

■ Andere persönliche Bedürfnisse

Gibt es noch etwas anderes in Ihrem Leben, das Spannungen verursacht oder generell Aufmerksamkeit benötigt?

Fragebogen zur Übung 3

- Familie

- Persönliche Beziehungen

- Finanzen

- Freizeit

- Persönliches Wachstum

- Gesellschaftliches Leben

- Gesundheit und Wohlbefinden

- Andere persönliche Bedürfnisse

■ Beispiel von Stefan

■ Familie

▸ Die Kinder sind gut in der Schule. Meine Frau mag ihren neuen Job. Meine Mutter braucht in Zukunft mehr Hilfe. Auf der Arbeit hat man zwar Verständnis, aber es ist sehr zeitaufwändig, sich um Mutter zu kümmern.

■ Persönliche Beziehungen

▸ Ich bin glücklich verheiratet. Wir gehen nicht oft aus. Wenn ich bis spät abends arbeite, verursacht das oft Streit, und wir gehen aufeinander los. Sollte die vielen Überstunden wirklich einschränken und am Wochenende mehr unternehmen, vielleicht sogar manchmal unter der Woche tanzen oder ins Kino gehen.

■ Finanzen

▸ Ich habe einen Job und damit auch ein festes Gehalt, trotzdem müssen wir die Ersparnisse anzapfen. Seit zwei Jahren gab es auf der Arbeit keine Gehaltserhöhung, dennoch steigen die Preise immer weiter. Muss etwas tun, um mehr zu verdienen. Soll ich den Chef nach einer Gehaltserhöhung fragen? Ich brauche einen besser bezahlten Job, aber sollte ich auch die Ausgaben reduzieren?

■ Freizeit

▸ Wenn wir ausgehen, haben wir viel Spaß und verbringen eine tolle Zeit miteinander. Die Wochenenden verbringen wir meist mit alltäglichen Dingen – was keinen Spaß macht. Die Arbeit kann echt stressig sein, also muss ich am Wochenende etwas Dampf ablassen und mich entspannen. Sollte damit anfangen, Freunde zu uns einzuladen. Sollte Wochenendausflüge organisieren.

- **Persönliches Wachstum**

▶ Habe meinen Managementkurs richtig genossen. Viel dabei gelernt. Denke, es gibt noch vieles, das ich lernen muss. Ich wende das Wissen in meiner jetzigen Position an, aber es ist auch definitiv von Nutzen, wenn ich beruflich aufsteige. Ich müsste mir die Zeit nehmen, um mehr Bücher über Führungsqualitäten zu lesen, und nachsehen, ob noch weitere Kurse zu diesem Thema angeboten werden. Muss bei der Personalabteilung nachfragen, was sie mir empfehlen.

- **Gesellschaftliches Leben**

▶ Habe beim Fun Run mitgemacht und ganz gut abgeschnitten. Ich habe ein schlechtes Gewissen, weil ich mich an den Schulen der Kinder nicht einbringe. Auf der Arbeit wird man dazu angehalten, sich gesellschaftlich zu engagieren, aber ich habe mich noch nicht weiter damit auseinandergesetzt. Könnte aber im Fußballverein als Trainer für die Kinder aushelfen.

- **Gesundheit und Wohlbefinden**

▶ Habe mehr als drei Kilo verloren, als ich die Grippe hatte. Fühle mich sehr gestresst. Irgendwie habe ich dauernd Erkältungen oder die Grippe – fühle mich also nicht wirklich gesund. Muss mal wieder ins Fitnessstudio gehen – vielleicht sollte ich auch einen Gesundheitscheck machen lassen und auf meinen Weinkonsum achten.

- **Andere persönliche Bedürfnisse**

▶ Will meinem Sohn helfen, sich auf die Prüfungen vorzubereiten, da ich weiß, wie sehr er sich abrackert. Vielleicht sollte ich meinen Master in Betriebswirtschaftslehre machen. Würde gerne nach China reisen.

Nun kennen Sie also Ihr persönliches Ungleichgewicht im Verhältnis zwischen Arbeit und Privatleben. Als Nächstes erarbeiten wir einige praktische Maßnahmen, die Ihnen helfen sollen, das Ungleichgewicht aus der Welt zu schaffen. Ich habe für Sie einige Vorschläge gesammelt, aber fügen Sie ruhig so viele weitere hinzu, wie Sie für nötig halten.

■ Gewinnen Sie ihr Gleichgewicht zurück

Kreuzen Sie in der folgenden Tabelle an, was Sie gerne umsetzen möchten:

▸ *Auf der Arbeit:*

Arbeit pünktlich verlassen	❑
Mir die Mittagspause zurückerobern und vernünftige Pausen machen	❑
Emails nicht am Wochenende abrufen	❑
Nachfragen, ob Gleitzeit möglich ist	❑
Den Verkehr zur Stoßzeit meiden	❑
Mir realistische Abgabetermine setzen	❑
Arbeit abgeben, wo es mir möglich ist	❑
Nein sagen, wenn etwas nicht geht	❑
Mir Zeiten auf der Arbeit schaffen, in denen ich nicht gestört werde	❑
Effektiver mit fordernden Leuten umgehen	❑
Mit meinem Chef über jede Art von Arbeits-/Lebensproblemen reden	❑
Effizienter arbeiten	❑
To-Do Listen mit den Prioritäten für jeden Tag erstellen	❑
Mir selbst und anderen realistischere Ziele setzen	❑
Den ganzen mir jährlich zustehenden Urlaub beanspruchen	❑

▸ *Zuhause:*

Die Kinder dazu bringen, im Haushalt mitzuhelfen	❑
Internet Shopping ausprobieren	❑
Eine Haushaltshilfe, ein Au Pair Mädchen o.ä. für die Hausarbeit einstellen	❑
Früher zu Bett gehen/ früher aufstehen	❑
Die Unordnung reduzieren	❑
Meine Verpflichtungen außerhalb der Arbeit minimieren	❑

- *Familie und persönliche Beziehungen:*

Zeit für mein Liebesleben schaffen ❒
Meine Verwandtschaft besuchen ❒
Mit den Kindern spielen ❒
Freunde einladen ❒
Schädliche Beziehungen/ Kontakte meiden oder lösen ❒
Kurzzeitpflege organisieren, falls ich jemanden betreue ❒
Schulaufführungen und andere wichtige Veranstaltungen zur Priorität ernennen ❒
Via Skype Videoanrufe machen, wenn ich verreise ❒

- *Freizeit:*

Ein soziales Tagebuch beginnen, um unsere Freizeit zu planen ❒
Einen Babysitter organisieren ❒
Einen Wochenendurlaub arrangieren ❒
Mitglied in einem Sportverein werden ❒
In einem Abendkurs einschreiben ❒
Ferien mit Freunden verbringen ❒
Nach der Arbeit zum Essen ausgehen oder in einer Bar etwas trinken ❒
Alte Freunde via Facebook wiedertreffen ❒
Eine Party schmeißen ❒

- *Finanzen:*

Mir finanziellen Rat holen ❒
Ein Budget festsetzen und mich daran halten ❒
Die Ausgaben kürzen, sodass ich weniger arbeiten muss ❒
Nach einer Gehaltserhöhung fragen ❒
Falls ich selbstständig bin, meine Preise/ Sätze anheben ❒

▸ *Persönliches Wachstum:*

In die Kirche, den Tempel oder die Moschee gehen ❒

Bücher lesen ❒

Mit Yoga anfangen ❒

Einen Selbsthilfekurs besuchen ❒

Einen Berater aufsuchen ❒

Mir eine körperliche Herausforderung wie z.B. das Bergsteigen suchen ❒

Auf Reisen gehen ❒

Eine Fremdsprache lernen ❒

Meine Vorfahren aufspüren ❒

Gesellschaftliches Leben ❒

Ehrenamtlich tätig werden ❒

An der Schule helfen ❒

Einem Bürgerverein beitreten ❒

Einem Nachbarn helfen ❒

Einer karitativen Organisation beitreten ❒

▸ *Gesundheit und Wohlbefinden:*

Einen Gesundheitscheck machen lassen ❒

Mich gesund ernähren ❒

Ein Hobby suchen ❒

Spazieren gehen ❒

▸ *Andere Vorschläge:*

.... ❒

.... ❒

.... ❒

.... ❒

> **TIPP** Diese Übung hilft Ihnen dabei, Ihren Karriere-Maßnahmenplan auf Seite 304 auszufüllen.
> Wenn es besonders wichtig für Sie ist, Ihr Gleichgewicht wieder herzustellen, sehen Sie sich diese Übung noch einmal an, wenn Sie Ihren Plan in Kapitel 7.1 erarbeiten.

Selbst in dieser frühen Phase Ihres Karriere Coachings sollte Ihnen deutlich werden, dass Sie viele Veränderungen, die Ihre Karriere und Ihr Leben beeinflussen, selbst in die Hand nehmen können.

1.4 Eine objektive Beurteilung

Bis jetzt haben wir uns Ihre Karriere aus einer Vielzahl verschiedener Blickwinkel angesehen. Wir haben einen anfänglichen Karriere-Gesundheitscheck unternommen und sowohl Ihr Gefühlsleben, als auch Ihr Leben in- und außerhalb der Arbeit untersucht. Das Ziel war bisher, Ihnen eine Möglichkeit zu geben, Ihre Gefühle, Frustrationen, Konflikte und Bedenken auf strukturierte Weise auszudrücken. Sie sind für Sie von Bedeutung, und die Übungen, die wir bis jetzt gemacht haben, sollen Ihnen dazu dienen, die Karriereaspekte, die Sie antreiben oder stören, zur Sprache zu bringen.

Allerdings tendieren wir oft dazu, uns auf all die schlechten Seiten einer Situation zu konzentrieren und die guten Seiten dabei vollkommen zu ignorieren. Wenn Sie zurückblättern und sich die Übungen noch einmal ansehen, stellen Sie vielleicht genau das bei Ihren Antworten fest. Sind diese vielleicht sogar noch negativer ausgefallen als erwartet?

Ziehen Sie keine voreiligen Schlüsse

Wenn Menschen sich in einer ungemütlichen Karrieresituation befinden, können ihre Emotionen ihr Denken einseitig beeinflussen und es kann dadurch für sie schwieriger sein festzustellen, was für sie das Beste wäre.

Ich spreche zum Beispiel mit vielen Leuten, die mir sagen, dass sie ihre Kündigung einreichen wollen, obwohl sie noch keinen anderen Job in Aussicht haben.

Sie haben dabei nicht bedacht, dass es einige Zeit dauern kann, bis sie eine neue Anstellung finden; dass Arbeitslosigkeit sehr stressig ist und dass es oft einfacher ist, aus einer ungekündigten Stellung heraus einen neuen

Job zu finden. Handeln Sie also niemals aus einer Laune heraus, sondern fällen Sie die Entscheidung bewusst und unter Berücksichtigung aller Faktoren.

Ebenso spreche ich häufig mit Leuten, die – oft fälschlicherweise – annehmen, dass sie nur Karriere machen können, wenn sie den Job wechseln. Einen neuen Job zu suchen ist für sie einfacher, als mit ihrem Abteilungsleiter ein ehrliches Gespräch über firmeninterne Karrierechancen zu führen.

Kathrin: „Ich mochte meine Firma, aber ich trat dort einfach auf der Stelle, begann daher, mich anderweitig für Jobs zu bewerben und bekam prompt ein Stellenangebot. Als ich meinem Chef von meiner baldigen Kündigung erzählte, fragte er nach, was mich dazu veranlassen würde, zu bleiben. Er wollte mich ungern verlieren. Ich erklärte ihm, dass es mich frustriert hatte, nicht mehr an den Planungsvorgängen teilhaben zu dürfen. Am nächsten Tag kam er zu mir und bot mir an, Teil des Planungsteams zu werden – was einfach fantastisch war. Ich wünschte nur, ich hätte viel früher mit ihm geredet und mir dadurch viel Zeit und Kummer erspart."

Wenn Sie gute Arbeit leisten, wird Ihre Firma Sie in der Regel nur zu gern behalten wollen und Ihnen deshalb Karrierechancen eröffnen, wenn Sie das wünschen. Aber wenn Sie nicht nachfragen, werden Sie das nie erfahren. Sie sollten zumindest prüfen, welche firmeninternen Möglichkeiten sich Ihnen bieten, bevor Sie sich endgültig für einen Wechsel entscheiden.

Dieses Schlusskapitel des ersten Teils soll Ihnen dabei helfen, einen unvoreingenommenen Blick auf Ihre momentane berufliche Situation zu werfen und die positiven als auch die negativen Aspekte gegeneinander aufzuwiegen.

TIPP

Scheuen Sie sich nicht, an Ihrem Arbeitsplatz nach Aufstiegsmöglichkeiten zu fragen. Das zeigt nur, wie motiviert und engagiert Sie sind und dass Sie sich weiterbilden wollen – was sowohl für Sie als auch für Ihr Unternehmen von Vorteil ist.

4

Übung 4: Werte- Fragebogen

Mittels dieser Übung werden Sie darüber nachdenken, was Ihnen in beruflicher Hinsicht wichtig ist, und was davon bereits erfüllt ist. Sie werden feststellen, wo noch Lücken sind und ob es Dinge gibt, die Sie als selbstverständlich ansehen.

1. Kreuzen Sie in untenstehender Liste die zehn Dinge an, die Ihnen am wichtigsten sind.
2. Ordnen Sie sie dann der Wichtigkeit nach, wobei Nummer 10 für das Wichtigste und 1 für das Unwichtigste steht. Fügen Sie ruhig andere Dinge, die Sie als relevant ansehen, hinzu.
3. Von dieser Top 10 Liste können Sie dann die Dinge abhaken, die bereits erfüllt sind oder schon zutreffen, und die ankreuzen, von denen man das nicht behaupten kann.

TIPP

Wenn Sie im Moment arbeitslos sind, beziehen Sie sich beim Ausfüllen auf frühere Arbeitsstellen.

Wert	**Rang 1-10 (10 = am wichtigsten)**	**momentan erfüllt Ja/Nein**
Aufgrund der eigenen Leistungen Erfolg haben		
Bei den Arbeitskollegen beliebt sein		
Selbstständig arbeiten und die eigenen Prioritäten und Terminpläne selbst festlegen		
Gefordert werden und immer neue Probleme lösen		
Eine berufliche Position haben, die genug Zeit für mein Privatleben lässt		
Macht und Einfluss besitzen		
Den Wandel beschleunigen		
Soziale Kontakte zu anderen pflegen		
Kreativität und Selbstdarstellung verwirklichen können		
Als Experte anerkannt werden		
Persönlichkeitsbildung und Wachstum erreichen		
Mithelfen, das individuelle, soziale und/oder politische Wohlergehen zu verbessern		
Im Team oder der Firma etwas bewirken		
Arbeiten und leben, wo ich will		
So viel Geld verdienen wie möglich		
Bei Entscheidungsprozessen mitwirken		
Für meine Mühen/Anstrengungen gewürdigt werden		
Mich mit den Produkten/ Gedanken der Firma voll identifizieren können		
Reisen		
Körperliche Fähigkeiten und Fertigkeiten anwenden können		

▶▶

In meinem Fachbereich bekannt werden		
Im Einklang mit persönlichen, spirituellen und ethischen Idealen arbeiten		
In einer Anstellung arbeiten, die mit Gesundheits- und Fitnesszielen kompatibel ist		
Eine intellektuelle Herausforderung haben		
Nach Wissen streben		
Eine gewisse gesellschaftliche Stellung als Resultat des Jobs gewinnen		
Mit anregenden Leuten arbeiten		
Über Sicherheit und Vorhersehbarkeit verfügen		
Risiken eingehen		
Vielfalt und Wandel erleben		
Andere Werte:		

4. Schreiben Sie unten auf, welche dieser Werte erfüllt sind und welche nicht. Warum? Denken Sie daran, dabei sowohl positive als auch negative Aspekte in Betracht zu ziehen.

Werte, die erfüllt werden	**Werte, die nicht erfüllt werden**

■ Beispiel Gerhard:

Werte, die erfüllt werden	Werte, die nicht erfüllt werden
Ich werde relativ gut für meine Arbeit bezahlt, deswegen kann ich einen komfortablen Lebensstil pflegen. Ich habe eine gewisse gesellschaftliche Stellung, weil andere meine Funktion als sehr interessant ansehen und mit mir darüber reden wollen. Ich genieße das, aber der Arbeitsalltag ist bei Weitem nicht so glamourös, wie andere Leute denken. Ich reise gerne berufsbedingt.	Ich kann meine Kreativität nicht nutzen und mich nicht selbst verwirklichen: Ich habe mich in meinen bisherigen Jobs sehr unterdrückt gefühlt. Ich bin eine kreative Person und kann neue Ideen und Herangehensweisen in ein Unternehmen einbringen, aber meine bisherigen Arbeitgeber waren sehr eingefahren und unflexibel. Habe Ideen entwickelt, die nicht ausreichend gewürdigt wurden. Habe aufgehört, es überhaupt zu versuchen. Ich möchte in einem Umfeld arbeiten, in dem Ideen willkommen sind.

Aus dieser Übung können Sie lernen, dass Ihr aktueller Job bereits einige Wertvorstellungen erfüllt und positive Elemente beinhaltet, selbst wenn er nicht perfekt ist.

Sehen wir uns als Nächstes sowohl die guten als auch die schlechten Aspekte Ihrer beruflichen Situation an. Das Ziel ist, dass Sie beide Seiten der Medaille erkennen können. Setzen Sie für die folgende Übungen wieder Ihre rationalen, analytischen Fähigkeiten ein und lassen Sie die Emotionen außen vor.

Übung 5: Positive und negative Aspekte Ihres Berufes

5

1. Schreiben Sie so viele positive Dinge über Ihren momentanen Beruf auf wie sie können, z.B. dass Ihre Firma gute Altersvorsorge anbietet.

2. Schreiben Sie so viele negative Dinge über Ihren momentanen Beruf auf wie möglich, z.B. drohende Entlassungen oder ein Mangel an Aufstiegschancen.
3. Erstellen Sie die Liste so ausgewogen wie möglich, sodass Sie am Ende die gleiche Anzahl von Argumenten auf jeder Seite stehen haben.

TIPP

Es könnte hilfreich sein, wenn Sie jemand anderen bitten, den Advocatus Diaboli zu spielen, falls eine Seite der Liste zu ausgeprägt ist.

Positives	Negatives

Beispiel Guido

Positives	Negatives
Sehr guter Zugang zu Weiter- und Fortbildung	Drohender Arbeitsplatzabbau
Die Umstrukturierung bietet neue Möglichkeiten	Personalabbau führt zu mehr Arbeit für die übrigen Angestellten
Eine gewisse Flexibilität bezüglich der Arbeitszeit	Keine Ahnung, wie die Serviceleistung trotz weniger Personal aufrechterhalten werden soll
Mir gefällt es, in dieser Branche zu arbeiten	Werde mit den Kollegen konkurrieren müssen
Rentenleistungen	Lohnstopp

Fiel es Ihnen gleichermaßen leicht, die positive und die negative Spalte auszufüllen? Oder ging eine Seite leichter von der Hand als die andere?

Rainer: „Ich fühle mich in meinem jetzigen Job sehr wohl. Er ist in der Nähe meiner Wohnung, er bietet Sicherheit, und obwohl die Bezahlung nicht so großartig ist, ist sie kontinuierlich. Die negativen Aspekte zeigen mir aber, dass ich Gefahr laufe, meine Kompetenzen zu verlieren, weil ich kaum die Hälfte von allem tue, wozu ich fähig wäre, und auch nichts Neues lerne. Das wäre vermutlich ein Minuspunkt für mich, wenn ich mir einen neuen Job suchen müsste."

Wenn Menschen eine bestimmte Meinung zu einem Thema haben – und normalerweise haben sie eine, wenn sie mit ihrem Beruf nicht zufrieden sind – sind sie voreingenommen. Dann suchen sie häufig nach Argumenten, die diese Ansicht unterstützen. Stellen Sie sicher, dass Sie Punkt drei dieser Übung befolgt und versucht haben, die Liste ausgewogen zu gestalten.

Der nützliche Effekt dieser Übung ist, dass Sie beide Perspektiven in Erwägung ziehen und Ihre eigenen Annahmen in Frage stellen müssen. Vielleicht fällen Sie noch immer dieselben Entscheidungen wie vor der Übung, aber Sie haben zumindest auch die Gegenargumente in Betracht gezogen.

Erkennen Sie, welche positiven Veränderungen machbar sind

Jetzt, da wir eine vollständige Diagnose Ihrer Karriere durchgeführt haben, lassen Sie uns entscheiden, welche positiven Veränderungen Sie realisieren wollen.

6

Übung 6: Ich möchte …

1. Schauen Sie sich all die Übungen aus Teil 1 dieses Buches noch einmal an und führen Sie sich die Dinge vor Augen, die Sie verändern wollen. Vervollständigen Sie dann die folgenden „Ich möchte …" Sätze.
2. Vielleicht wollen Sie auch Folgendes ansprechen:

- *Dinge, die Sie ändern wollen, wie z.B. „Ich möchte bessere Bezahlung erhalten"*
- *Dinge, die sie beibehalten wollen, wie z.B. „Ich möchte weiterhin in Teilzeit arbeiten"*
- *emotionale Wünschen und Bedürfnisse, wie z.B. „Ich möchte meine Motivation wiederfinden"*
- *Bereiche der Unsicherheit, die Sie klären wollen, wie z.B. „Ich möchte sehen, welche Karrieremöglichkeiten ich habe"*

Zensieren oder bearbeiten Sie diese Liste nicht. Schreiben Sie alles auf, was Ihnen wichtig ist.

TIPP

Sie dürfen in dieser Übung ruhig fordernd sein. Schreiben Sie alles auf, was sie verändern wollen. Diese Dinge können praktischer oder emotionaler Natur sein. Beziehen Sie alles mit ein.

Ich möchte …

▶▶

Ich möchte …

Ich möchte …

Ich möchte …

Ich möchte …

Ich möchte …

Ich möchte …

Ich möchte …

Beispiel Michael

Ich möchte … spüren, dass ich gerade etwas in der Welt bewegt habe.

Ich möchte … meine Zeit gut nutzen.

Ich möchte … mit Leuten arbeiten, die mit Leidenschaft bei der Sache sind.

Ich möchte … mein Einkommen sichern.

Ich möchte … wissen, ob ich bleiben oder einen neuen Job suchen soll.

In oben stehender Übung haben Sie Ihre Karrierebedürfnisse und Ihre Wünsche für die Zukunft herausgearbeitet. Behalten Sie diese im Hinterkopf, während Sie sich durch den Rest dieses Buches arbeiten.

Diese Liste wird Ihnen eine wichtige Orientierung sein, wenn wir uns Ihre Möglichkeiten für die Zukunft in Teil 5 ansehen.

Ihre tatsächliche Situation

Wie wir in Teil 1 gesehen haben, ist Ihre berufliche Situation einzigartig, komplex und facettenreich. Wie auch immer Ihre gegenwärtigen Lebensverhältnisse sind, Sie sollten durch die verschiedenen in den Übungen angewendeten Perspektiven inzwischen einen tieferen Einblick in Ihre berufliche Situation gewonnen haben.

In folgender Reflexionsübung erfassen Sie alle Herausforderungen, mit denen Sie sich konfrontiert sehen, egal ob diese eher praktischer oder emotionaler Natur sind. Wenn Sie diese benennen und artikulieren können, stehen die Chancen gut, dass Sie Ihnen auch in der Praxis erfolgreich begegnen können.

7

Übung 7 Reflexion zu Teil 1

Schauen Sie sich die folgenden Übungen erneut an:

- *Übung 1: Karriere-Gesundheitscheck (S. 21)*
- *Übung 2: Stellen Sie Ihre Welt dar (S. 27)*
- *Übung 3: Beurteilung der Work-Life-Balance (S. 40)*
- *Übung 4: Werte-Fragebogen (S. 52)*
- *Übung 5: Positive und negative Aspekte Ihres Berufes (S. 55)*
- *Übung 6: Ich möchte … (S. 58)*

1. Was fanden Sie bei diesen Übungen besonders hilfreich?
2. Gibt es irgendwelche Sätze oder Sprachwendungen, die sehr zutreffend sind, oder Themen, die immer wieder aufkommen?
3. Was haben Sie gefühlt bzw. was nicht; und warum haben Sie auf diese bestimmte Art und Weise geantwortet?
4. Gibt es Maßnahmen, die Sie ergreifen können, die einen deutlichen Unterschied herbeiführen würden?

TIPP Achten Sie auf Ausdrücke oder Sätze, die Sie wiederholt verwendet haben. Überlegen Sie, warum gerade diese Worte so gut auf Sie zutreffen.

Meine Reflexion dazu, wo ich mich momentan befinde

TIPP

Wir werden noch einmal auf diese Reflexionsübung zurückkommen, wenn wir in Übung 48 auf Seite 314 auf Ihr Karriere Coaching zurückblicken.

Maßnahmen

Beispiel Lisa: Meine Reflexion dazu, wo ich mich momentan befinde

Die Übungen in diesem Abschnitt haben mir klar gemacht, dass ich meine ganze Zeit mit Arbeiten verbringe und kaum Freizeit habe. Ich muss mich stärker meinem Sozialleben widmen. Ich bin so auf meine Karriere fixiert, dass alles andere zurücksteht – und das tut mir nicht gut. Meine Beziehungen mussten definitiv darunter leiden, und ich muss wieder etwas mehr Zeit dafür investieren.

Seit mein Kollege entlassen wurde, muss ich seine Arbeit zusätzlich zu meiner eigenen übernehmen. Das ist einfach zu viel, und ich fühle mich sehr gestresst. Ich leide immer öfter unter Migräne – und bin deswegen meinem Partner gegenüber ständig mürrisch, weil mir das an die Nieren geht. Ich will nicht scheitern – weil ich nicht entlassen werden möchte, aber je gestresster ich bin, desto unfähiger fühle ich mich.

Vermutlich sollte ich mit meiner Abteilungsleiterin besprechen, wo sie Prioritäten setzt, anstatt vergeblich zu versuchen, alles auf einmal zu machen. Sie hat es quasi mir überlassen, aber ich glaube, ich muss erst ihre Prioritäten kennen, um dann meine

Energie sinnvoll einsetzen zu können. Falls das alles nichts nützt, muss ich mich wahrscheinlich nach einem neuen Job umsehen.

Ich glaube, die Migräne wird nachlassen, wenn ich weniger Stress habe und endlich aufhöre, vor lauter Stress Mahlzeiten auszulassen. Ich weiß auch, dass sich mein Familienleben verbessert, wenn ich weniger gestresst bin.

Beispiel: Maßnahmen

1. Einen Termin mit meiner Abteilungsleiterin ausmachen, um die Prioritäten zu besprechen
2. Mit der Arbeitssuche beginnen
3. Mittagspausen machen und richtig essen

In Teil 1 haben wir uns detailliert Ihre gegenwärtige Situation angesehen – und zwar sowohl aus einem beruflichen als auch aus einem privaten Blickwinkel. Außerdem haben wir Ihre Prioritäten in Bezug auf Veränderungen herausgearbeitet.

Allerdings sind Sie nicht aus heiterem Himmel an diesem Punkt in Ihrem Leben angelangt. Sie haben einen langen und interessanten Werdegang hinter sich, der aus wichtigen Ereignissen, Schlüsselentscheidungen und Schlüsselerlebnissen besteht.

Wie Sie hierher kamen

Erst wenn Sie Ihre Vergangenheit verstehen, setzen Sie Ihre jetzige Situation in einen Zusammenhang. Frühere Verhaltensmuster können auch insofern nützlich sein, als Sie aus ihnen ableiten können, welche zukünftigen Karriereherausforderungen sich für Sie als heikel herausstellen könnten und welche Sie leicht bewältigen können. Je früher Sie mögliche Schwierigkeiten kommen sehen, desto besser können Sie sich dagegen wappnen.

In Teil 2 werden wir uns also die Hürden ansehen, die Sie in der Vergangenheit bewältigen mussten, die Strategien, die Sie dafür benutzt haben, und zwar sowohl die erfolgreichen als auch die weniger erfolgreichen, und schließlich die Haupteinflüsse, die Ihre private und berufliche Entwicklung geprägt haben.

In diesem Abschnitt werden wir:

- ✓ die Schlüsselereignisse Ihres Lebens ansehen
- ✓ Ihre Autobiographie erstellen
- ✓ die Haupteinflüsse identifizieren, die Ihren persönlichen Werdegang geprägt haben
- ✓ detailliert Ihre Berufslaufbahn dokumentieren

2.1 Ihre persönliche Geschichte

In Ihrer Vergangenheit wird es eine Vielzahl an Wendepunkten gegeben haben, an denen Sie spezielle berufliche Entscheidungen trafen. Einige dieser Entscheidungen waren vermutlich gut durchdacht, wohingegen andere spontan fielen oder Ihnen vielleicht sogar aufgezwungen wurden.

Wie konsequent haben Sie Ihre Karriere bis heute durchgeplant? Gab es Zeiten, in denen Sie rasche Fortschritte machten, und dann wiederum Phasen, in denen Sie sich bei der Arbeit schrecklich unglücklich fühlten?

Marie: „Schon als Kind musste ich meine Mutter betreuen, weil sie sehr krank war. Krankenschwester zu werden war die selbstverständliche Folge der Pflege meiner Mutter."

Neben Ihrer beruflichen Laufbahn hatten Sie wahrscheinlich auch Höhe- und Tiefpunkte in Ihrem Leben. Die meisten Menschen werden im Laufe ihres Lebens mit schwierigen Situationen konfrontiert: Das können Arbeitslosigkeit oder Krankheit sein, eine schmerzhafte Trennung, finanzielle Schwierigkeiten oder der Verlust einer geliebten Person. Solche Situationen sind überaus stressig und ihre Auswirkungen können noch lange Zeit später spürbar sein. Haben solche Schwierigkeiten Ihren Werdegang beeinflusst und wenn, welche Auswirkungen hatten sie – oder haben sie noch?

Ed: „Die Arbeit war so stressig, dass ich ernsthaft krank wurde. Deshalb habe ich meinen Job gekündigt, bin auf Reisen gegangen und in einer viel besseren psychischen Verfassung zurückgekehrt. Habe mir eine Anstellung in einer niedrigeren Position gesucht, die mit weniger Druck verbunden ist. Ich bin nun viel glücklicher.

Versuchen Sie die folgenden Übungen rational und analytisch anzugehen, als ob Sie ein Historiker wären, der Beweismaterial durchgeht, oder ein Biograph, der damit beauftragt wurde, eine einflussreiche Person zu porträtieren.

Seien Sie Ihr eigener Biograph – zeigen Sie die ungeschminkte Wahrheit! Lassen Sie uns Ihre Geschichte hören.

Sie werden feststellen, dass einige dieser Übungen überraschend starke Emotionen wecken werden, besonders wenn sie sehr sensible Bereiche berühren. Wenn dies passiert, werden Sie das entweder als erlösend oder als verstörend empfinden. Respektieren Sie Ihre eigenen Grenzen und tauchen Sie nur so tief in diese Übungen ein, wie Sie es sich zutrauen. Das Ziel ist nicht, Sie unglücklich zu machen. Wenn eine Übung also zu schwer ist oder Sie sogar verstört, nehmen Sie erst einmal Abstand.

TIPP

Diese Übungen sind sehr persönlich, also bleiben Sie innerhalb Ihrer Wohlfühlzone, wenn sie besonders sensible Bereiche berühren.

Werfen wir zuerst einen Blick auf die wichtigsten Ereignisse in Ihrem Leben.

8

Übung 8: Meine Schlüsselereignisse

1. Zeichnen Sie auf dem Diagramm auf der gegenüberliegenden Seite oder auf einem separaten Blatt markante Erlebnisse und Schlüsselereignisse Ihres Lebens bis heute auf. Starten Sie mit Ihrer Geburt auf der linken Seite der Linie und enden sie beim heutigen Datum. Sie könnten z. B. folgende Dinge einbauen:

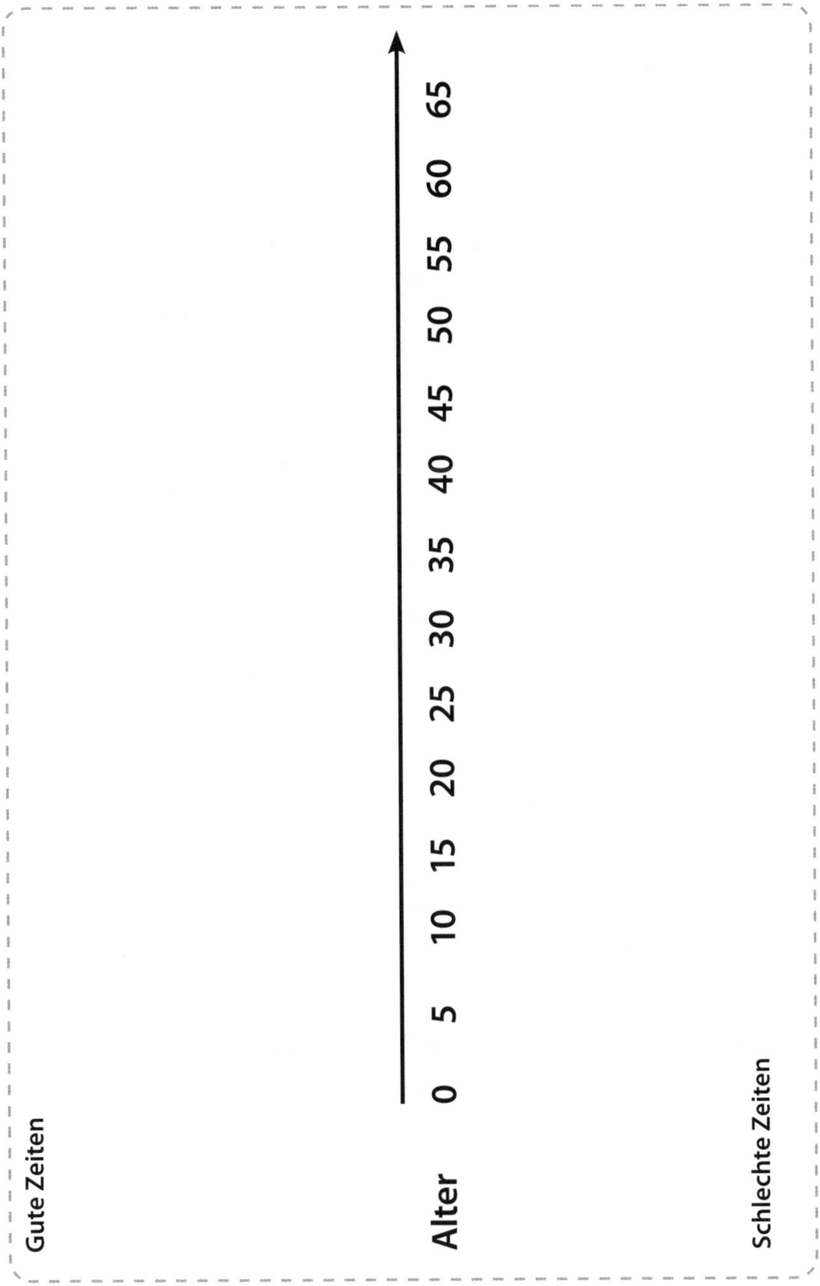
Gute Zeiten
Alter
0 5 10 15 20 25 30 35 40 45 50 55 60 65
Schlechte Zeiten

- *Ihre Ausbildung und Ihre Abschlüsse*
- *Ihre berufliche Laufbahn*
- *glückliche Ereignisse, z. B. wann Sie sich verliebt haben oder wann Sie einen Wettbewerb gewonnen haben*
- *traumatische Ereignisse, wie z. B. Unfälle, Krankheiten oder Todesfälle*
- *Abenteuer, wie z. B. Reisen*
- *Leistungen, wie z. B. Preise und Anerkennungen*
- *Herausforderungen, wie z. B. eine Entlassung oder eine Trennung*
- *andere spezielle Ereignisse, wie z. B. den Bau eines Eigenheims*

2. Platzieren Sie für jedes Ereignis ein X auf dem Diagramm, um anzuzeigen, wie gut – oder auch schlecht – Sie sich zu dem jeweiligen Zeitpunkt fühlten (ein Beispiel finden Sie auf Seite 72)

3. Beantworten Sie nun folgende Fragen, um die Übung nachwirken zu lassen.

Wie fühlten Sie sich beim Ausfüllen des Diagramms?

Wenn Sie sich die glücklichsten Zeiten Ihres Lebens ansehen, was waren dann die Ursachen für dieses Glück?

Wenn es schwere Zeiten gab, was half Ihnen, diese durchzustehen?

Wann waren Sie am erfolgreichsten darin, mit Veränderungen klarzukommen, und warum?

Schreiben Sie drei Kernpunkte auf, die sich in Ihren Augen aus dieser Übung herauskristallisiert haben:

1.

2.

3.

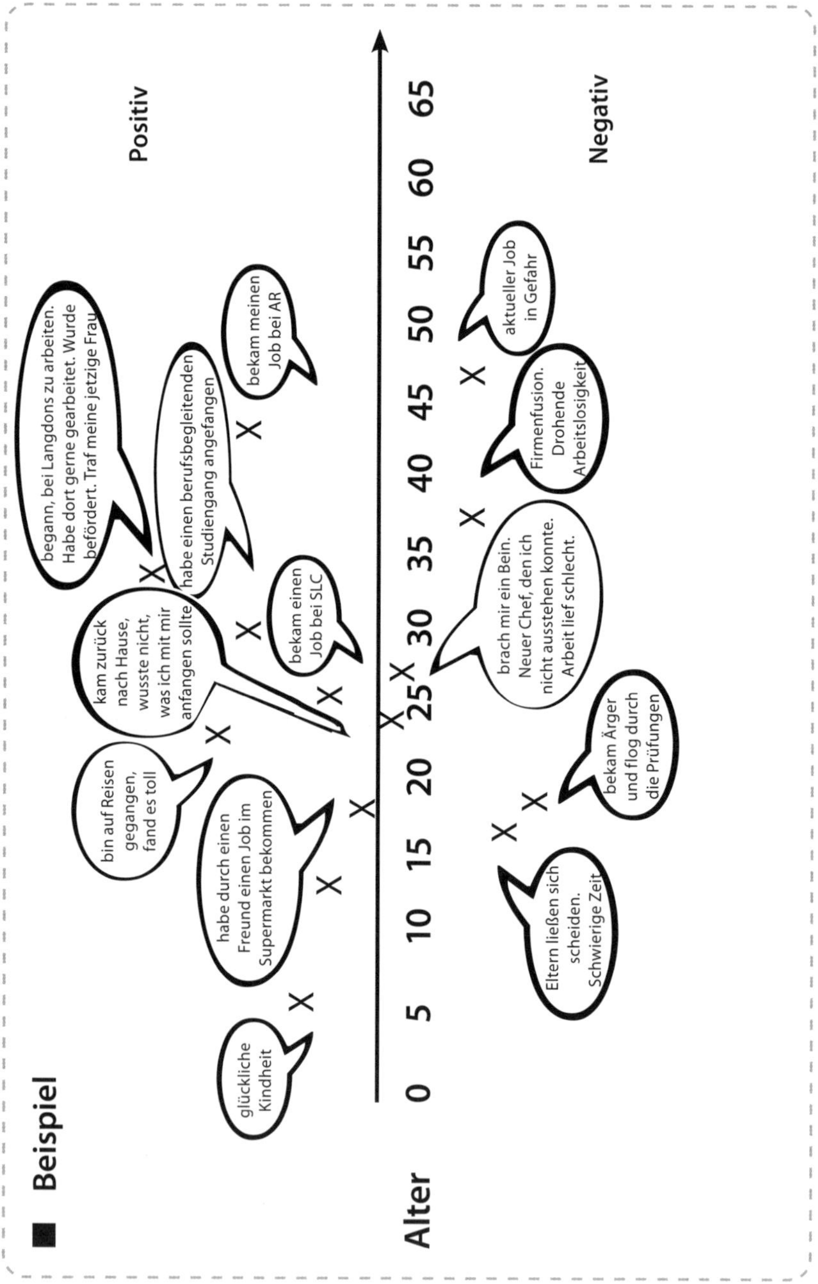
Beispiel
Positiv
Negativ
Alter
0 5 10 15 20 25 30 35 40 45 50 55 60 65
glückliche Kindheit
Eltern ließen sich scheiden. Schwierige Zeit
habe durch einen Freund einen Job im Supermarkt bekommen
bin auf Reisen gegangen, fand es toll
bekam Ärger und flog durch die Prüfungen
kam zurück nach Hause, wusste nicht, was ich mit mir anfangen sollte
bekam einen Job bei SLC
brach mir ein Bein. Neuer Chef, den ich nicht ausstehen konnte. Arbeit lief schlecht.
begann, bei Langdons zu arbeiten. Habe dort gerne gearbeitet. Wurde befördert. Traf meine jetzige Frau
habe einen berufsbegleitenden Studiengang angefangen
Firmenfusion. Drohende Arbeitslosigkeit
bekam meinen Job bei AR
aktueller Job in Gefahr

Beispiel Jan

Wie fühlten Sie sich beim Ausfüllen des Diagramms?

- Es war okay. Aber es überrascht mich, wie sehr es mir noch zu schaffen macht, dass ich bei meinen Schulprüfungen nicht so gut abgeschnitten habe, wie ich hätte abschneiden müssen.

Wenn Sie sich die glücklichsten Zeiten Ihres Lebens ansehen, was waren dann die Ursachen für dieses Glück?

- Habe gern bei Langdons gearbeitet, weil dort guter Teamgeist herrschte und wir wirklich etwas bewegen konnten. Habe meine Frau um dieselbe Zeit kennengelernt. Sowohl die Arbeit als auch mein Privatleben liefen großartig.

Wenn es schwere Zeiten gab, was half Ihnen, diese durchzustehen?

- Es war fürchterlich, als ich wieder nach England zurückkam und Absagen für Jobs kassierte, die ich mit links hätte machen können. Aber ich musste da einfach durch und bewarb mich immer weiter, bis ich schließlich durch einen Freund von dem Job bei SLC hörte.

  Als ich mir mein Bein brach, bekamen wir einen neuen Chef, dessen erster Eindruck von mir der krankheitsbedingte Ausfall war. Unsere Beziehung war nie gut. Ich beschloss, ein Studium anzufangen, um dem Chef meine Kompetenz zu beweisen. Mir war klar, dass ich meine berufliche Weiterentwicklung selbst in die Hand nehmen muss, weil mein Chef mir nicht helfen würde. Fühlte sich gut an, meine Kündigung einzureichen, als ich einen neuen Job fand.

Wann waren Sie am erfolgreichsten darin, mit Veränderungen klarzukommen, und warum?

- Es war schwierig, als die Firma übernommen wurde, weil einige Dinge verändert werden sollten. Ich sagte den Chefs, wann immer sie meiner Meinung nach einen Fehler begingen, aber gab ihnen auch eine Rückmeldung, als ihre Ideen wieder besser wurden. Ich glaube, sie respektierten meine Offenheit und sahen ein, dass ich ihnen keine Schwierigkeiten machen oder Steine in den Weg legen wollte. Ich half auch dabei, Kollegen davon zu überzeugen, die Veränderungen anzunehmen und denke, das brachte mir bei dem neuen Abteilungsleiter viel Glaubwürdigkeit ein. In der Folge behielt ich meinen Job, obwohl viele meiner Kollegen die Firma verließen oder entlassen wurden. Meine Frau hat mich sehr unterstützt.

Schreiben Sie drei Kernpunkte auf, die sich in Ihren Augen aus dieser Übung herauskristallisiert haben!

1. Ich bin vermutlich belastbarer als ich dachte, habe schwierige Zeiten durchgemacht, aber habe sehr konsequent meine Ziele verfolgt.
2. Habe ein paar Komplexe wegen meiner Schulbildung – denke, dass ich in akademischer Hinsicht nicht so gut bin wie andere. Allerdings half es mir, dass ich meinen Abschluss gemacht habe.
3. Die Beziehungen zu den Arbeitskollegen waren so wichtig wie der Job selbst – besonders die Beziehung zu meinem Abteilungsleiter. Meine Frau gibt mir viel Feedback.

Diese Übung zeichnet die Eckpunkte Ihrer Karriere und Ihrer Lebensgeschichte auf. Obwohl es interessant ist, ganz allgemein auf bedeutende Ereignisse zurückzublicken, ist doch gerade die Art, wie Sie auf diese Umstände reagiert haben, von besonderem Interesse für unser Karriere Coaching.

Rachel: „Es war echt hart, als meine Ehe zerbrach. Ich war wirklich niedergeschlagen. Die Arbeit war damals eine gute Ablenkung, sie beschäftigte mich und half dabei, das bisschen Selbstwertgefühl zu bewahren, das ich noch hatte."

Denken Sie, dass andere Menschen genauso wie Sie auf diese Ereignisse reagiert hätten? Denken Sie an Menschen, die Ihnen damals während dieser Situation nahe standen. Wie würden diese Menschen Ihre Art beschreiben, mit dieser Herausforderung fertig zu werden?

Übung 9: Ihre Lebensphasen

In dieser autobiographischen Übung sehen wir uns weitere prägende Einflüsse und Erlebnisse an, die Ihre Geschichte und Ihre Karriere zu dem gemacht haben, was sie heute sind.

1. Beschreiben Sie Ihre Lebensphasen und richten Sie Ihre Aufmerksamkeit dabei besonders auf Geschichten und Erfahrungen, die Sie Ihrer Meinung nach entscheidend geprägt haben. Wahrscheinlich finden Sie es einfacher, auf ein separates Blatt Papier zu schreiben, oder Sie laden sich das Dokument im Internet herunter (www.buchzumberuf.de/buchshop/karriere-coach.html) und arbeiten damit.
2. Schreiben Sie nur für sich – so als wären Sie der Leser. Es steht Ihnen allerdings frei, ob Sie Ihre Aufzeichnungen später jemand anderem zeigen wollen.
3. Schreiben Sie so viel Sie wollen. Sie können entweder sehr strukturiert und chronologisch vorgehen oder einfach aufschreiben, was Ihnen durch den Kopf geht. Es kann sein, dass es für Sie einfacher wird, wenn Sie Ihre Autobiographie in 7-Jahres Abschnitte unterteilen wie z.B. die Altersgruppe 0-7, 7-14, 14-21 etc., wie wir es auch in Übung 8 getan haben.
4. Hier sind ein paar Anregungen für Dinge, die Sie einbauen können:

- *früheste Kindheitserinnerungen*
- *Familienerfahrungen*
- *Erfahrungen, die Sie in der Schule gesammelt haben*

- *Ihre frühesten Karriereentscheidungen – wie Sie diese trafen*
- *wichtige Beziehungen*
- *Vorhaben, die Sie verwirklicht haben*
- *Entscheidungen, die Sie bereuen*
- *die Hauptwendepunkte in Ihrem Leben*
- *Höhepunkte und Ihre stolzesten Momente*
- *Ihre schwierigsten Herausforderungen und wie Sie damit umgingen*

TIPP

Versuchen Sie, neben den Fakten auch Ihre Gedanken und Ihre Ansichten bezüglich Ihrer Vergangenheit zu äußern.

Meine Lebensphasen

Beispiel Ralf

0-7 Jahre

Meine früheste Erinnerung ist, wie ich auf dem Rasen vor unserem alten Haus sitze und in den Himmel blicke. Schon als ich klein war, liebte ich Fußball und kickte stundenlang Bälle herum. Ich hatte schon immer viel Energie. Meine Mama beschrieb mich als Wirbelwind – immer mit voller Geschwindigkeit herum brausend.

7-14 Jahre

Ich erinnere mich daran, dass ich in der Grundschule ganz gut war. Ich erinnere mich auch daran, dass ich der Klassenbeste in einer Mathearbeit war und dass die Leute mit mir zufrieden waren. Ich glaube, Mama und Papa hofften, dass ich auf das Gymnasium gehen würde. Als ich die Aufnahmeprüfung aber nicht bestand, haben sie mich sehr unterstützt und mir gesagt, dass das nicht weiter schlimm sei. Ich war ein bisschen enttäuscht, aber nicht übermäßig, weil auch viele meiner Freunde auf die Gesamtschule gingen. In der Oberstufe habe ich mich dann allerdings nur für Fußball interessiert und daher nicht gut im Unterricht aufgepasst.

14-21 Jahre

Ich habe mich mit den Schulschwänzern eingelassen. Meine Eltern ließen sich scheiden, als ich 15 war. Zu dieser Zeit habe ich sie meistens ignoriert und war viel unterwegs, damit ich nicht mitten in einen Streit zwischen den beiden geriet. Nach der Scheidung war ich plötzlich der Herr im Hause – das ärgert mich bis heute, aber es hat mir auch geholfen, erwachsen zu werden. Es wurde wirklich wichtig, Geld nach Hause zu bringen, also nahm ich, als ich mit 16 die Schule verließ, den erstbesten Job an, der sofortige Bezahlung versprach. Ich hätte also nicht studieren gehen können, selbst wenn ich gewollt hätte.
Die ersten paar Jahre arbeitete ich nur, um Geld zu verdienen – um unseren Haushalt zu unterstützen und für meine Hobbys zahlen zu können. Ich dachte gar nicht darüber nach, beruflich aufzusteigen.

- **21-28 Jahre**

- Ich fand einen neuen Job bei Petersons und hatte einen richtig guten Abteilungsleiter, der Potential in mir sah. Er hat mich ermutigt – und ich fing an, darüber nachzudenken, dass auch für mich Aufstiegschancen möglich sein müssten. Ich wurde befördert, und das wirkte Wunder für mein Selbstvertrauen. Allerdings war ich mir bewusst, dass es für Leute wie mich, die nicht den berufsbegleitenden Studiengang der Firma besuchten, eine unsichtbare Grenze gibt, die weitere Aufstiegschancen verbaut. Blieb zwei Jahre, beschloss dann aber, bei Smiths einzusteigen, wo man nach Verdienst belohnt wird und nicht nach der schulischen Qualifikation. Das war mir besonders wichtig, weil ich heiraten wollte und wir das Geld brauchten, um uns zusammen ein Leben aufzubauen.

- **28-35 Jahre**

- Habe mich sehr gut im Verkauf geschlagen und begann, mein Interesse für das Marketing zu entdecken. Aber das altbekannte Problem der Qualifikation kam auf – ich würde niemals die Chance bekommen, den Job meines Abteilungsleiters zu übernehmen ohne das nötige Vertriebs- und Marketingdiplom, das ich wiederum nicht ablegen wollte. Was, wenn ich durchfallen würde? Wo stünde ich dann? Entschied mich schließlich dafür, die Firma zu verlassen und für ein kleineres Unternehmen zu arbeiten, bei dem Qualifikationen nicht so wichtig waren. Ich glaube, ich bereue das heute. Hätte ich damals den Abschluss gemacht, wäre das zwar schwierig gewesen, hätte sich aber auf lange Sicht ausgezahlt.

- **35-42 Jahre**

- Ich habe zwei Kinder, und meine Frau arbeitet nicht. Ich denke immer noch darüber nach, ob ich studieren soll. Es ist sehr teuer und ich bin nicht sicher, ob ich die Zeit dafür aufbringen könnte, mich wirklich dafür zu engagieren. Ich denke, ich bin nicht so weit vorangekommen, wie ich es sollte, weil mir eben die Qualifikationen fehlen. Ich habe einen Bogen um größere Unternehmen gemacht, weil ich dort wahrscheinlich keine Chance hätte, obwohl ich in meinen Augen besser geeignet wäre als einige der dortigen Abteilungsleiter.

Sie fanden die Übungen 8 und 9 vielleicht sehr reinigend; Sie konnten auf Ihre Karriere zurückblicken – auf die Höhen und die Tiefen. Behalten Sie diese im Hinterkopf, während Sie das nächste Kapitel durcharbeiten, und vor allem, wenn Sie Übung 12 auf Seite 103 bearbeiten, eine Reflexionsübung zu Teil 2.

Sie hatten die Möglichkeit, durch das Niederschreiben Ihres Lebenswegs die verschiedenen Einflüsse und Ereignisse, die Ihre persönliche Geschichte geformt haben, herauszuarbeiten. Im nächsten Kapitel werden wir diese Einflüsse detaillierter untersuchen. Diese Faktoren haben Ihren Werdegang in der Vergangenheit entscheidend beeinflusst und viele davon werden das auch in Zukunft tun. Vermutlich formen sie Ihre Karriere gerade in diesem Augenblick, ohne dass Sie überhaupt etwas davon bemerken.

2.2 Wesentliche Einflussfaktoren auf Ihre Karriere

In Ihrer Autobiographie aus Übung 9 haben Sie gesehen, wie Ihr Privatleben und Ihre Karriere miteinander verwoben sind und dass es viele Einflussfaktoren gibt, die Ihre Entscheidungen und Ihre Lebensgeschichte geprägt haben.

Darunter fallen Eltern, Lehrer, Freunde, Kollegen, Partner und Vorbilder, die Ihr Weltbild und Ihren Platz darin geformt haben.

Externe Faktoren wie Wohnort, kultureller oder sozialer Hintergrund oder Bildung hatten Einfluss auf Ihre Erwartungen, lenkten Sie bei Ihren Entscheidungen in eine bestimmte Richtung, zeigten Ihnen Möglichkeiten auf oder verbauten Ihnen welche.

Einige dieser Einflussfaktoren sind so tief in unserer Veranlagung verwurzelt, dass wir sie vollkommen verinnerlicht haben und sie untrennbar mit uns verbunden sind; wohingegen wir uns von manch anderem Einflussfaktor bereitwillig lösen, wenn wir einen Vorteil davon haben.

Dieses Kapitel soll Sie zum Denken anregen über die Einflussfaktoren, die im Hinblick auf Ihre Karriere auf Sie am meisten einwirkten und immer noch wirken. Wenn Sie sich ihrer bewusst sind, können Sie zumindest bewusst und aktiv entscheiden, ob Sie sich von ihnen bei Ihrer nächsten Karriereentscheidungen beeinflussen lassen oder nicht.

Lesen Sie sich die folgenden Einflussfaktoren durch und sehen Sie sich die Fragen an. In Übung 10 auf Seite 90 fassen wir die Antworten zusammen.

Ihre Familie

Als Sie aufwuchsen, hat Ihnen Ihre Familie dabei geholfen, Ihre Identität zu finden. Ihre Familie war der Übersetzer zwischen Ihnen und der Außenwelt. Unsere Eltern waren die Ersten, die uns Grenzen setzten, uns bestimmte Verhaltensregeln anerzogen, und wir haben ihr Verhalten imitiert, um ein Verständnis für die Funktionsweise der Welt um uns herum zu bekommen. Diese frühen Grundregeln sind wahrscheinlich irgendwo in unserem Bewusstsein verankert.

Die Familie hat häufig großen Einfluss auf die ersten Karriereentscheidungen. Das ist nur verständlich. Wenn wir jung sind und keine bzw. nur wenig berufliche Erfahrung vorweisen können, wie soll dann beispielsweise von einem Studenten erwartet werden, dass er grundlegende berufliche Entscheidungen trifft, die sich auf vielleicht gerade einmal ein Gespräch mit einem Karriereberater und einige Broschüren stützen? Junge Leute werden sich zur Orientierung an Erwachsene wenden, denen sie vertrauen.

Jim: „Meine Mutter und mein Vater waren wirklich sehr bescheiden - nicht das, was man als Überflieger bezeichnet. Aber als ich als Erster aus unserer Familie zur Uni ging, waren sie sehr stolz. Ich fühlte mich einzigartig. Meine Erziehung hat mir großes Selbstvertrauen gegeben – mich gelehrt, dass ich viel erreichen kann, weil ich mich anstrenge, nicht weil ich privilegiert bin."

Die Erwartungen der Familie können sehr einflussreich sein. Vielleicht fühlten Sie sich unter Druck gesetzt, weil Sie in der Schule gute Leistungen erbringen, einen bestimmten Berufsweg einschlagen oder sogar der Nachfolger im Familienbetrieb werden sollten. Andererseits, wenn sie Ihnen alle Freiräume gelassen hätten oder sogar vollkommen desinteressiert gewesen wären, wäre das im Vergleich hinderlich gewesen - oder hätte Sie das im Gegenteil sogar noch mehr motiviert?

Samantha : „Meine Eltern waren beide Lehrer, also war das für mich die natürlichste Berufswahl."

Ich spreche oft mit Menschen, die eigentlich einen kreativen Beruf erlernen wollten, die aber von ihren Eltern davon abgehalten wurden, weil diese solche Berufe für unnütz hielten.

Bei manchen löst das tiefe Frustration aus und sie bereuen es später, dass sie nicht den gewünschten Beruf ergriffen haben; wohingegen andere im Nachhinein sehr dankbar für den Rat sind.

Denken Sie darüber nach, was Ihre Eltern von Ihnen erwartet haben.

Gemeinschaft

Wenn Sie einen ausgesprochenen Gemeinschaftssinn haben - ob er nun religiös, kulturell oder regional bedingt ist – dann beeinflussen die Werte Ihrer Gemeinschaft auch Ihre Berufswahl und die Auswahl der Unternehmen, für die Sie gerne arbeiten würden. Z. B. kann es sein, dass Sie prüfen müssen, ob es mit Ihrem Glauben vereinbar ist, für ein bestimmtes Unternehmen zu arbeiten.

Was erwartete Ihre Gemeinschaft von Ihnen?

Johannes: „Ich wurde auf dem Land groß, ich liebe also das ländliche Leben und bin auch sehr naturverbunden. Ich kann nicht verstehen, warum manche Menschen es vorziehen, in einem Büro zu sitzen."

Nina: „In meinem Umfeld wollen die Eltern, dass ihre Kinder später Arzt oder Jurist werden, und treiben sie in diese Richtung. Alles andere ist nur eine Notlösung."

Geschlecht

Die meisten Berufe stehen Männern und Frauen gleichermaßen offen.

Trotzdem sind selbst heute noch einige Berufe und Branchen von einem der Geschlechter dominiert, z.B. Krankenpflege und Technik. Kommt diese Einseitigkeit zustande, weil diese Berufe Fähigkeiten und Charakterzüge benötigen, die entweder bei Männern oder bei Frauen ausgeprägter vorhanden sind – oder liegt es doch an unserer Gesellschaft?

Und was passiert, wenn Sie sich vornehmen, in einem vom anderen Geschlecht dominierten Bereich zu arbeiten, wenn Sie also zum Beispiel ein Krankenpfleger, eine Mechanikerin oder Chefin eines Top 100- Unternehmens werden wollen?

Haben Sie jemals darüber nachgedacht, ob Ihr Geschlecht Ihre Berufswahl und den weiteren Verlauf Ihrer Karriere beeinflusst hat?

„Ich habe schon immer in männlich dominierten Bereichen gearbeitet, wo es auch definitiv Sexismus gab. Wenn Sie Ihren Job allerdings gut machen, dann ragen Sie als Frau besonders heraus – und das können Sie zu Ihrem Vorteil nutzen."

Ruth Lea, Wirtschaftswissenschaftlerin

„Frauen entfalten nicht ihr volles Potential. Viele Frauen denken nicht über Fußball nach; sie denken auch nicht über Bauingenieurwesen als Berufswunsch nach. Es geht wirklich nur darum, unvoreingenommen zu sein, sodass man

realisiert, dass diese Jobs zwar traditionell männliche Berufe sind, es aber nicht zwangsläufig bleiben müssen."

Karren Brady, Vizepräsidentin des West Ham United FC

Partnerschaft

Liebesbeziehungen – egal ob gegenwärtig oder vergangen – haben Ihre Karriere wahrscheinlich auch beeinflusst. Sie haben vermutlich Karriereentscheidungen getroffen, um näher bei Ihrem Partner zu sein, oder haben sogar beschlossen, zusammen ein Unternehmen zu gründen. Ihr Partner war Ihnen vielleicht eine große Stütze im Hinblick auf Ihre Karriere, vielleicht aber auch desinteressiert oder hat sich einfach nur darauf verlassen, dass Sie der Ernährer/ die Geldverdienerin in der Familie waren. Auch die Kindererziehung verlangte womöglich eine Neuverteilung der Karriereprioritäten in Ihrer Familie.

Wie haben Ihre Liebesbeziehungen also Ihre Karriereentscheidungen beeinflusst?

Andreas: „Ich muss in meinem Beruf viel reisen und ich weiß, dass meine Partnerin das als sehr schwierig empfindet, weil sie selbst arbeiten und zusätzlich auf die Kinder aufpassen muss. Wenn ich allerdings weiter aufsteigen will, muss ich noch mehr reisen, anstatt weniger. Was soll ich also an erste Stelle stellen – die Familie oder die Karriere?"

Shirley: „Ich weiß, dass ich ohne meinen Mann nicht einmal davon zu träumen gewagt hätte, mein eigenes Unternehmen zu gründen. Er hat mich sehr unterstützt und mir bei den Dingen geholfen, vor denen ich mich fürchtete, wie z.B. bei der Steuererklärung. Ohne ihn wäre das alles nicht möglich gewesen."

Bildungsstand

Ihre Erlebnisse und Erfahrungen in der Schulzeit weisen vermutlich einige Ihrer frühesten Berührungen mit Erfolg und Misserfolg auf. Wie sehen Ihre Bildungsabschlüsse im Vergleich zu Ihren Erwartungen aus? Haben Sie besser abgeschnitten, als Ihre Familie es von Ihnen erwartete? Oder waren Sie oder Ihre Familie enttäuscht?

Ich trainiere viele Leute, die sich wegen ihres Mangels an akademischer Ausbildung benachteiligt fühlen oder sich sogar dafür entschuldigen. Einige von ihnen haben das jedoch als Motivator genommen, um der Welt zu zeigen, wozu sie fähig sind, und wurden außerordentlich erfolgreich. Andere wiederum kämpfen selbst später in ihrem Leben noch mit diesem Manko. Es ist z. B. oft so, dass Menschen, die Komplexe wegen ihrer Qualifikationen haben, in ihren Bewerbungen die Aufmerksamkeit auf ihre schlechten Schulergebnisse lenken, anstatt diese herunterzuspielen. Ich kann gar nicht mehr zählen, wie oft ich schon Lebensläufe erwachsener Menschen gesehen habe, die ihre durchschnittlichen Prüfungsergebnisse hervorheben.

Ihre eigene Auffassung Ihres akademischen Erfolges oder Misserfolges ist manchmal bedeutender für Ihren anschließenden Karriereverlauf bzw. -erfolg als die Abschlüsse selbst.

Wenn Sie allerdings etwas gegen Ihre Komplexe tun wollen – und es gibt einige Jobs, bei denen ein Studienabschluss oder eine berufliche Qualifikation ein klarer Vorteil sind – bietet Ihnen die große Auswahl an berufsbegleitenden oder Fernstudiengängen eine einfache Möglichkeit, Ihre akademische Bildung auszubauen, wenn Sie dies wollen.

Wie denken Sie also über schulische Bildung?

Ben: „Ich war in der Schule ein Ausnahmetalent. Ich war immer unter den Klassenbesten und habe daher erwartet, auch auf der Uni Bestnoten zu haben. Als ich dann nur die zweitbeste Notenstufe erreichte, war ich sehr enttäuscht. Ich fühlte mich durchschnittlich und hatte eine echte Vertrauenskrise. Diese Einstellung half mir definitiv nicht, als ich dann zu Vorstellungsgesprächen gehen musste."

Margarete: „Ich war so stolz, als ich meinen Abschluss erhielt. Es war für mich so, als könne ich der Welt endlich zeigen, dass ich alles schaffe – dass ich Potential habe und genauso gut bin wie jeder andere."

Martin: „Ich habe diese ganzen Absolventen satt, die denken, die Welt liege ihnen zu Füßen. Ich war nie an einer Universität, aber habe mich neben meinem Job immer weitergebildet und dabei gut abgeschnitten. Gesunder Menschenverstand und harte Arbeit lassen Menschen vorankommen – nicht ein Abschlusszeugnis."

Vorbilder

Während unseres Karriereverlaufes sind wir alle sicherlich schon einmal auf gute und auch auf schlechte Vorbilder gestoßen: Abteilungsleiter, die exzellente Führungsqualitäten hatten; und dann wiederum die einfach fürchterlichen Vertreter ihrer Spezies. Ziemlich sicher haben wir uns einige gute und auch einige schlechte Angewohnheiten von beiden Extremen abgeschaut.

Es gibt viele Vorbilder, die Sie beeinflusst haben. Vielleicht waren es Familienangehörige, jemand aus Ihrem Umfeld oder sogar eine Berühmtheit.

Wer waren Ihre Vorbilder?

Janine: „Ich habe eine Arbeitskollegin, die die großartige Fähigkeit hat, jede noch so schwierige oder angespannte Situation beruhigen zu können. Sie bleibt selbst sehr ruhig, nutzt ihren Humor und hört ihrem Gegenüber wirklich zu. Wenn ich in einer ähnlichen Situation bin, nutze ich eine der Taktiken, die ich mir von ihr abgeschaut habe."

Christoph: „Mein erster Chef war immer schonungslos ehrlich. Dadurch arbeiteten wir wirklich hart, um seine Anerkennung zu erhalten. Ich glaube nicht, dass ich jemals wieder so intensiv für irgendjemanden gearbeitet habe. Ich habe seither immer versucht, ähnliche Methoden anzuwenden. Die Leute mögen das nicht, aber ich glaube, sie respektieren es wenigstens."

Medien

Wir sind alle von der Pop-Kultur beeinflusst, davon, was wir im Fernsehen sehen oder worüber wir in den Zeitungen oder im Internet lesen. Wir sehen eine ganze Palette verschiedener Jobs und Berufe, die in Fernsehserien oder Dokumentationen dargestellt werden. Egal ob die Darstellungen der Realität entsprechen oder nicht, haben sie oft einen spürbaren Einfluss auf unsere ersten Berufsentscheidungen.

Die Beliebtheit von Serien wie Crossing Jordan oder CSI ist z.B. dafür verantwortlich, dass die Anzahl an Studenten, die in Forensik ausgebildet werden wollen, trotz der geringen Anzahl an Jobangeboten in diesem Berufsfeld enorm gestiegen ist.

Basierten Ihre Berufswahl oder Ihre Karriereentscheidungen auf irgendetwas, das Sie in den Medien gesehen haben – und haben diese Vorkenntnisse sich in der Realität als wahr herausgestellt?

Woher kommen Ihre Berufsträume?

Emma: „Ich wollte schon immer einen Beruf in der Modewelt ergreifen. Ich habe alles, was in den Hochglanzmagazinen stand, wie ein Schwamm aufgesogen, ich klebte regelrecht vor dem Fernseher, wenn Sendungen über Mode liefen. Mein Gehalt habe ich immer gleich in Klamotten investiert. Ich weiß, dass es oberflächlich ist, aber ich würde lieber für ein angesagtes Label arbeiten als für jede andere Firma."

Andreas: „Als ich ein Junge war, sah ich im Fernsehen eine Dokumentation über ein Tierheim. Seitdem wusste ich, dass ich mit Tieren arbeiten wollte. Sie spielten schon immer eine große Rolle sowohl in meinem Arbeits- als auch in meinem Privatleben."

Gesellschaftlicher Wandel

Wir sind alle von politischen oder ökonomischen Veränderungen betroffen. In schweren Zeiten erfordert der hohe Wettbewerb Kompromisse bei unserer Berufswahl. Absolventenprogramme, die letztes Jahr noch verfügbar gewesen sind, kann es dieses Jahr schon nicht mehr geben. Die Fördermaßnahmen, auf die wir gehofft haben, können inzwischen eingestellt worden sein, falls das Unternehmen z.B. Personal abbauen muss, um sich während einer Konjunkturschwäche selbst über Wasser zu halten.

Die Agenda 2010, insbesondere die Hartz-IV-Gesetze, haben in Deutschland zu einschneidenden Veränderungen der Gesellschaft geführt und so auch den Arbeitsmarkt und die Karrierechancen beeinflusst.

Wenn Sie sich an vergangene Stationen Ihrer Laufbahn zurückerinnern, werden Sie feststellen, dass die Politik und die Wirtschaft sich in vielerlei

Hinsicht auf Ihr Berufsleben ausgewirkt haben. Waren Sie schon einmal von den wirtschaftlichen Schwankungen in Ihrer Branche betroffen?

10

Übung 10: Einflussfaktoren auf Ihre Karriere

Praktische Einflüsse	Einflüsse durch Personen	Weitere Einflussfaktoren
Finanzen	Eltern	kulturelle Einflussfaktoren
Sicherheit	Familie	soziales Umfeld
Standort	Kollegen	Religion
Jobverfügbarkeit	Freunde	politische Einflussfaktoren
Qualifikationen	Lehrer	Medien
Berufserfahrung	Vorbilder	Geschlecht
Behinderung	Partner	Schichtzugehörigkeit
Ausbildung	Vorgesetzte	Diskriminierung

Wählen Sie aus oben stehender Liste die Faktoren aus, die Ihre Karriere beeinflusst haben. Notieren Sie sie unten und beschreiben Sie die Art des Einflusses.

1. In welchem Maße wurden Sie von diesen Faktoren beeinflusst? Vergleichen Sie sich dabei mit Leuten, die in einer vergleichbaren Situation sind, z.B. Geschwistern oder Kollegen.
2. Welche dieser Faktoren sind Ihrer Meinung nach auch in Zukunft noch relevant?

Ein Beispiel für diese Übung finden Sie auf Seite 92 .

Meine Einflussfaktoren

■ Beispiel Raimund

Meine Einflussfaktoren

- **Familie** – sie hat mich davon abgebracht, eine Karriere im künstlerischen Bereich einzuschlagen, was ich wirklich machen wollte, aber sie hielten das für keine vernünftige Berufswahl.
- **Geschlecht** – als Mann sieht man in mir immer den Hauptverdiener. Das ist noch vor allem anderen meine Hauptverpflichtung.
- **Kunstlehrer** – er war großartig. Hat mich sehr unterstützt. Das hat allerdings den Ärger über meine Eltern nur verstärkt.
- **Standort** – nahm den ersten Job an, der mich weit von zuhause weg führte, sodass ich mein eigenes Leben leben konnte.
- **Berufserfahrung** – habe herausgefunden, dass im Marketing zumindest ein bisschen künstlerisches Geschick gefragt ist.
- **Partner** – sie verlässt sich darauf, dass ich die Brötchen verdiene, und manchmal frage ich mich, warum nicht einfach sie arbeiten gehen kann und ich dafür daheim bleibe, die Kinder betreue und male.
- **Vorbilder** – meine Kinder. Ich mag es, wie sie mit Farbe spielen, sie sind so frei und spontan.
- **Kollegen** – Ich bin nicht so an meinen Arbeitskollegen interessiert. Ich vergleiche mich eher mit anderen Künstlern.

Mein Bruder und meine Schwester haben sehr traditionelle Berufe eingeschlagen und sind darin sehr erfolgreich. Ich versuche schon lange, den Frust abzuschütteln, der daraus entsteht, dass ich nicht meinem Herzen folgen und meinen Wunschberuf ergreifen durfte. In meinem Job ging es immer nur darum, Geld zu verdienen – um nichts anderes; und auch weiterhin ist es das, was ich mit der Arbeit verbinde. Ich frage mich allerdings, ob es eine andere Stellung gibt, die ich annehmen kann, die mich mehr interessieren würde als mein jetziger Job, die aber gleichzeitig gut bezahlt ist?

Dieses Kapitel hat Ihnen gezeigt, dass Ihre Berufswahl höchstwahrscheinlich von einer Vielzahl an persönlichen und gesellschaftlichen Faktoren entscheidend beeinflusst worden ist. Einige dieser Faktoren werden immer noch relevant sein, wohingegen andere inzwischen verblasst sind oder durch andere ersetzt wurden.

Sind Sie von Ihren Antworten zu Übung 10 überrascht? Vielleicht haben Sie vorher nicht realisiert, dass Ihre Familie Ihre bisherigen Karriereentscheidungen so stark beeinflusst hat, oder nicht bemerkt, dass Ihr Wunsch nach einem anderen Job von einem bestimmten Vorbild initiiert wurde, das Sie inspiriert. Was auch immer Sie überrascht hat, behalten Sie es im Hinterkopf, während Sie den Rest von Teil 2 durcharbeiten.

2.3 Ihr Karriereverlauf

Arbeitgeber achten sehr auf Ihren Karriereverlauf, weil sie wissen wollen, ob Sie mit Ihren Fähigkeiten und Erfahrungen die freie Stelle auch ausfüllen können. Dabei werden sie auch in Betracht ziehen, ob Ihre Entscheidungen bezüglich Ihrer Karriere und Ihrer persönlichen Entwicklung rational oder eher impulsiv waren.

In diesem Kapitel werden wir jeden Ihrer bisherigen Jobs unter die Lupe nehmen und ihn genau untersuchen. Sie müssen Ihren Karriereverlauf verstehen, wenn Sie ihn jemand anderem erklären wollen. Eine Analyse Ihrer Laufbahn wird auch zeigen, ob es Verhaltensweisen oder Merkmale gibt, die sich im Hinblick auf Ihre Vorlieben, Ihre Abneigungen und Entscheidungen immer wiederholen.

Keine Angst, falls Ihr Werdegang bis jetzt nicht dem Standardmuster entspricht. Viele Leute ändern im Laufe der Zeit ihre Karriereausrichtung, nicht nur während der Phase des Experimentierens zu Beginn, sondern durchaus auch, wenn sie bereits mit beiden Beinen im Berufsleben stehen.

Zusätzlich haben die meisten Menschen Karriereeinbrüche, Rückschläge, Zeiten der Arbeitslosigkeit oder nur befristete Beschäftigungen in ihrem Lebenslauf zu verzeichnen. Das sind heutzutage eher normaler Bestandteile einer modernen Karriere und keine Ausnahmen.

Wie auch immer Ihre Berufserfahrungen aussehen, Sie haben daraus gelernt, Ihre Fähigkeiten wurden geprüft, Ihr Wissen erweitert, und neue Karrierechancen haben sich Ihnen aufgetan.

Schauen wir nun chronologisch auf die verschiedenen Stationen Ihres Berufslebens zurück und finden wir heraus, was diese uns über Sie erzählen.

Übung 11: Ihr Karriereverlauf

11

1. Beziehen Sie jede bezahlte Stellung, die Sie innehatten, mit ein. Beantworten Sie für jede Stelle die folgenden Fragen und schreiben Sie Ihre Antworten auf.

- Wie haben Sie diesen Job bekommen?
- Was mochten Sie daran und was nicht?
- Was haben Sie dabei gelernt?
- Warum haben Sie gekündigt?

TIPP

Denken Sie darüber nach, welches Wissen oder welche Fähigkeiten Sie während einer Anstellung neu dazu gewonnen haben.

2. Wenn Sie nur begrenzte Erfahrungen mit bezahlten Jobs haben, können Sie auch Ihre unbezahlten Aufgaben auflisten wie z.B. ehrenamtliche Tätigkeiten oder Maßnahmen vom Arbeitsamt.
3. Wenn Sie mehr Platz für Ihre Antworten benötigen, vervollständigen Sie diese Übung auf einem separaten Blatt Papier oder auf Ihrem Computer.

Auf Seite 97 finden Sie ein Beispiel.

TIPP

Um Ihnen diese Übung zu erleichtern, können Sie einen aktuellen Lebenslauf zu Rate ziehen, der Ihnen hilft, sich an alle früheren Anstellungen zu erinnern.

Stelle Nr. 1

Stelle Nr. 2

Stelle Nr. 3

Stelle Nr. 4

Stelle Nr. 5

Beispiel Johann

Stelle Nr. 1

- Ausbildung zum Unternehmensberater bei Smiths

Mein Freund John erzählte mir von diesem Job. Ich fand gut, dass ich einen relativ einfachen Einstieg in das Unternehmen hatte – es gab mir das Gefühl, etwas Besonderes zu sein. Für einige Jahre war ich wirklich richtig glücklich – ich war gut, die Chefs schienen eine hohe Meinung von mir zu haben. Habe neue Managementsysteme eingeführt, sodass das Unternehmen auf präzise Daten zurückgreifen konnte und nicht mehr spekulieren musste. Habe den Standortwechsel des Unternehmens organisiert – war eine gewaltige Aufgabe, aber alles lief gut. Habe mein Team erweitert. Habe viel über Personalmanagement gelernt. Habe nur gekündigt, weil ich dem Job entwachsen war.

TIPP Wir werden nochmals auf diese Übung zurückkommen, wenn wir Ihre Karriere-Zusammenfassung auf Seite 310 erstellen.

Jetzt, da wir Ihren Werdegang bis heute komplett vorliegen haben, lassen Sie uns diese Übung nachbesprechen, um festzustellen, was Sie aus Ihrem gesamten Karriereverlauf lernen können.

Untersuchung Ihrer bisherigen Anstellungen

Während Sie Ihren Karriereverlauf begutachten, beantworten Sie folgende Fragen in dem untenstehenden Kasten.

1. Wie haben Sie üblicherweise einen neuen Job gefunden? War es z. B. durch einen privaten Kontakt oder über die Bundesagentur für Arbeit? Dies ist nützlich, wenn Sie über Wege nachdenken, an Ihren nächsten Job zu kommen.
2. Welche Unterschiede gab es zwischen den Jobs, die Ihnen Spaß gemacht haben, und denen, die Sie nicht so toll fanden? Suchen Sie nach Gemeinsamkeiten bei den Jobs, die Spaß machten. Was unterschied sie von den anderen ?
3. Gab es Schwierigkeiten, die bei mehr als einem Job auftraten, z. B. Mobbing oder ein angespanntes Verhältnis zu den Arbeitskollegen?

1. Wie haben Sie üblicherweise einen neuen Job gefunden?

2. Welche Unterschiede gab es zwischen den Jobs, die Ihnen Spaß gemacht haben, und denen, die Sie nicht so toll fanden?

3. Gab es Schwierigkeiten, die bei mehr als einem Job auftraten, z. B. Mobbing oder ein angespanntes Verhältnis zu den Arbeitskollegen?

Beispiel Johann

1. **Wie haben Sie gewöhnlich einen neuen Job gefunden?**

- Die meisten Stellen haben mir Bekannte vermittelt.

2. **Welche Unterschiede gab es zwischen den Jobs, die Ihnen Spaß gemacht haben, und denen, die Sie nicht so toll fanden?**

- Ein Karrierehöhepunkt war definitiv die Arbeit für die Fernsehproduktionsfirma. Mir gefiel es dort. Es war aufregend. Schnelllebig. Habe viele interessante Leute getroffen. Sehr lebendig. Ich mochte auch die Arbeit bei den Konferenzen für Jays. Ich hatte Spaß daran, vor anderen zu reden – die PR zu machen.

War in einigen Jobs echt unglücklich und bin dennoch viel länger dort geblieben, als ich es hätte tun sollen. Bin am Ende meist nur gegangen, weil der drohende Personalabbau mich angetrieben hat. Ergreife nicht gerne die Initiative.

Bei den Jobs, die mir gefielen, arbeitete ich immer mit positiven und humorvollen Kollegen zusammen. Es war bereichernd. Wir unternahmen nach der Arbeit viel zusammen. Großartiger Teamgeist. Habe hart gearbeitet, aber auch viel gefeiert.

Jobs, in denen ich unglücklich war, waren meist solche, bei denen meine Persönlichkeit nicht zum Unternehmensbild passte. Fühlte mich wie ein Fisch auf dem Trockenen. Sie hatten einen anderen Sinn für Humor. Wir lagen einfach nicht auf derselben Wellenlänge. Die anderen waren mir viel zu geradlinig.

3. **Gab es Schwierigkeiten, die bei mehr als einem Job auftraten, z.B. Mobbing oder ein angespanntes Verhältnis zu den Arbeitskollegen?**

- Bei manchen Unternehmen schien ich einfach nicht dazu zu passen – sie waren einfach zu bürokratisch für mich. Ich mag eine eher entspannte Atmosphäre.

Karriereglück oder Karrieregestaltung?

Ihre Karriere und auch Ihre Persönlichkeit wurden von einer Vielzahl an Faktoren, Ereignissen und Umständen geprägt, und ich hoffe, dieser Abschnitt konnte dazu beitragen, Ihnen das vor Augen zu führen.

Auch wenn es für Sie so aussieht, als sei Ihre Karriere bis heute eher das Resultat von Zufällen als das von tatsächlicher Planung, haben Sie doch bestimmte Chancen ergriffen, wenn sie sich Ihnen auftaten, andere haben Sie jedoch ignoriert. Sie haben beschlossen, einige berufliche Probleme anzugehen, vor anderen haben Sie sich gedrückt. Bei einigen Aufstiegschancen haben Sie sich engagiert, vor anderen haben Sie sich lieber versteckt. Selbst die Entscheidung, nichts zu unternehmen, ist letztlich eine Entscheidung.

Es ist nicht bloß purer Zufall, dass Sie da sind, wo Sie sind!

Pam: „Bei meiner letzten Arbeitsstelle haben die Kollegen dauernd gejammert und sich über das Unternehmen beschwert. Es riss nicht ab und war ziemlich bedrückend. Ich wollte nicht in so einer negativen Umgebung arbeiten, also habe ich hart geackert, um so schnell wie möglich aufzusteigen. Warum sind die anderen immer noch dort, wenn sie dabei so unglücklich sind?"

Professor Richard Wisemans Buch So machen Sie Ihr Glück: Wie Sie mit einfachen Strategien zum Glückspilz werden (Goldmann, 2004) basiert auf seiner innovativen Studie dazu, warum einige Menschen anscheinend mehr Glück haben als andere. Er untersuchte die Überzeugungen und Glaubensvorstellungen von erfolgreichen und erfolglosen Personen. Sie werden aufgrund seiner Techniken vielleicht nicht im Lotto gewinnen, aber seine Forschungen zeigten, dass Ihnen tatsächlich mehr Positives passiert, wenn Sie bestimmte Verhaltensregeln beachten.

Erhöhen Sie Ihre Chancen

- Positive Menschen sind geschickt darin, sich günstige Gelegenheiten zu schaffen, sie zu bemerken und optimal zu nutzen. Sie machen das auf verschiedene Arten wie z.B. durch soziale Netzwerke, indem sie eine entspannte Lebenseinstellung entwickeln, und indem sie offen für neue Erfahrungen sind.

Hören Sie auf Ihr positives Bauchgefühl

- Positive Menschen fällen tragfähige Entscheidungen, indem sie auf ihre Intuition und ihr Bauchgefühl hören. Zusätzlich ergreifen sie Maßnahmen, um ihre intuitiven Fähigkeiten zu verstärken, indem sie z.B. meditieren und ihren Kopf von störenden Gedanken befreien.

Rechnen Sie damit, Glück zu haben

- Positive Menschen sind davon überzeugt, dass sie eine glückliche Zukunft erwartet. Diese Erwartung wird zur selbst erfüllenden Prophezeiung, da sie den Glückspilzen dabei hilft, über Misserfolge hinwegzukommen und auch deren Umgang mit anderen Menschen positiv beeinflusst.

Verwandeln Sie Pech in Glück

- Positive Menschen wenden verschiedene psychologische Techniken an, um Schwierigkeiten aus dem Weg zu räumen, – und haben damit auch oft Erfolg. Z.B. stellen sie sich häufig spontan vor, dass die Situation noch schlimmer hätte kommen können, halten sich aber nicht länger mit Gedanken an ihr Pech auf und übernehmen wieder die Kontrolle über die Situation.

Professor Richard Wiseman, So machen Sie Ihr Glück: Wie Sie mit einfachen Strategien zum Glückspilz werden (Goldmann, 2004)

Sandy: „Glück ist das Ergebnis davon, wenn Vorbereitung und günstige Gelegenheit aufeinander treffen."

Jetzt denken Sie an all die Zeiten in Ihrer Karriere zurück, als Sie großes Glück hatten. Möglicherweise hatten Sie die Chance, jemanden zu treffen, der Sie später eingestellt hat, oder Ihre Bewerbung ist gerade in dem Moment auf dem Schreibtisch des Abteilungsleiters gelandet, als dieser nach jemandem wie Ihnen gesucht hat.

Anonym: „Das Glück hat die seltsame Angewohnheit, immer die zu begünstigen, die es gar nicht brauchen."

War das einfach Glück? Die günstige Gelegenheit ist Ihnen vielleicht in den Schoß gefallen, aber der Nutzen, den Sie daraus gezogen haben, ist Ihr Verdienst. Sie mussten immer noch den Arbeitgeber von Ihren Fähigkeiten überzeugen. Sie mussten die Initiative ergreifen und eine Bewerbung schreiben oder sich dazu entschließen, den Fremden anzusprechen. Den riskanten Berufswechsel, der sich schließlich ausgezahlt hat, hätten Sie ausschlagen können, weil Sie auf Nummer sicher gehen wollten. Wenn Sie vor Ihrem Abteilungsleiter nicht darauf bestanden hätten, dass Sie das Managementtraining machen dürfen, dann wären Sie vielleicht nie dafür bereit gewesen, in die Fußstapfen Ihres Chefs zu treten, als dieser aus heiterem Himmel kündigte.

In Ihrer Karriere sind Sie Ihres Glückes Schmied!

Blick auf Ihr Leben

In diesem Kapitel haben wir ziemlich intensiv und detailliert auf Ihre persönliche und Ihre berufliche Geschichte zurückgeblickt. Wir haben uns die Schlüsselereignisse, Ihre Lebensgeschichte, die Haupteinflussfaktoren und Ihre beruflichen Erfahrungen angesehen.

Übung 12: Reflexion zu Teil 2

12

Schauen Sie sich noch einmal die folgenden Übungen an:

- *Übung 8: Meine Schlüsselereignisse (S. 67)*
- *Übung 9: Ihre Lebensphasen (S. 75)*
- *Übung 10: Einflussfaktoren auf Ihre Karriere (S. 81)*
- *Übung 11: Ihr Karriereverlauf (S. 95)*

Schreiben Sie sämtliche Gedanken und Feststellungen auf, die Ihnen durch den Kopf gehen, wenn Sie Ihre eigenen Worte noch einmal lesen. Beispielsweise könnten darunter folgende Dinge fallen:

1. Was Sie über sich in diesen Übungen gelernt haben.
2. Welche positiven Eigenschaften durch diese Übungen zum Vorschein gekommen sind.
3. Welchen Rat Sie Ihrem vergangenen Selbst geben würden.
4. Gibt es Dinge, die Sie in Zukunft anders machen würden?
5. Welche Maßnahmen können Sie unternehmen, um etwas zu verändern?

Auf Seite 104 ist genug Platz, um Ihre Gedanken aufzuschreiben.

Meine Reflexionen zu meiner Geschichte

Maßnahmen

Beispiel Alex: Meine Reflexionen zu meiner Geschichte

- Ich bin meinen Eltern dankbar dafür, dass sie mich angetrieben haben. Selbst jetzt hasse ich es noch, Dinge zu tun, die meine Eltern enttäuschen könnten. Freunde haben definitiv großen Einfluss auf mich. Ich konkurriere gerne mit anderen, will also immer besser als meine Freunde sein, wenn es um den Beruf geht. Ich möchte nicht überflügelt werden. Das Gehalt ist daher ein guter Maßstab für mich. Wenn ich gleichviel oder sogar mehr verdiene als meine Freunde, dann schneide ich gut ab. Ich sehe ein, dass ich ein ziemlich ungeduldiger Mensch bin. Einerseits ist das gut, weil ich schnell etwas unternehme, sobald etwas nicht so läuft, wie es sein soll. Aber ich glaube, manchmal bin ich dabei auch zu voreilig. Ich wusste, dass ich eine Veränderung brauchte, also habe ich nach dem schnellsten Ausweg gesucht, anstatt darüber nachzudenken, was wohl der beste nächste Karriereschritt für mich wäre. Ich war nicht nur bei der Arbeit so, sondern auch in meinen privaten Beziehungen. Vielleicht muss ich einen Gang herunterschalten. Nachdenken, anstatt etwas zu überstürzen.

Beispiel: Alex' Maßnahmen

1. Sollte mein Tempo bei wichtigen Entscheidungen etwas drosseln, nichts überstürzen.
2. Sollte besser recherchieren, bevor ich einen neuen Job einfach annehme
3. Muss die gängigen Gehaltsstufen für meinen Arbeitsbereich recherchieren um eine Vergleichsmöglichkeit zu haben

TIPP

Wir werden noch einmal auf diese Reflexionsübung zurückkommen, wenn wir auf Ihr Karriere Coaching in Übung 48 auf Seite 314 zurückblicken.

Was Sie bieten können – Ihr Karrierekapital

Teil 3

Ich möchte Ihnen nun das Konzept des „Karrierekapitals“ vorstellen. Einfach gesagt, ist es das, was Sie einem potentiellen Arbeitgeber an Fähigkeiten, Wissen und Eigenschaften zu bieten haben. Man nennt dies häufig auch „Beschäftigungsfähigkeit“. Der Wert Ihres Karrierekapitals hängt von dessen Relevanz für einen bestimmten Job, den Forderungen und Erwartungen des Arbeitgebers sowie Ihrem Abschneiden im Vergleich zu anderen gleichwertigen Kandidaten auf dem Arbeitsmarkt ab.

In diesem Abschnitt werden wir:

- ✓ herausfinden, welche Fähigkeiten Sie bereits mitbringen
- ✓ herausarbeiten, welchen Wert Sie für ein Unternehmen haben
- ✓ uns Ihre Erfahrungen, Ihre Ausbildung und professionelle Glaubwürdigkeit ansehen
- ✓ weitere Elemente, die Ihr Karrierekapital aufwerten, entwickeln.

3.1 Identifizieren Sie Ihre Fähigkeiten

Auf welchen Weg auch immer Sie das Karriere Coaching bringen wird – sei es ein neuer Job, eine Beförderung oder ein kompletter Branchenwechsel – die Fähigkeiten, die Sie besitzen, werden Ihnen dabei helfen, Ihre Ziele zu erreichen.
Darunter fallen spezielle berufsbezogene Fähigkeiten, die Sie bereits blindlings beherrschen, andere, die Sie sich mühsam antrainiert haben, und auch einige, die Sie für selbstverständlich halten.

■ Ihre Kompetenzen

Sie werden oft hören, dass Ihr Arbeitgeber Fähigkeiten als „Kompetenzen" bezeichnet. Arbeitgeber bevorzugen diese Bezeichnung, da im Gegensatz zu einer allgemeinen Fähigkeit, Kompetenzen einen Praxisbezug haben und zeigen, wie eine Fähigkeit in lebensnahen Szenarien angewendet wird. Diese unterschiedlichen Termini spiegeln den Unterschied zwischen einer Arzthelferin, die von sich sagt, dass sie „gut mit Menschen umgehen kann" (Fähigkeit) oder einer, die sagt, dass sie „erfahren im Umgang mit Patienten ist, die sehr ängstlich sein können" (kompetenzspezifische Aussage).

Wenn Arbeitgeber nach neuen Talenten für ihr Unternehmen suchen, spezifizieren sie die Kompetenzen, die diese mitbringen sollen. Normalerweise sind sie in Stellenanzeigen aufgeführt oder in Jobbeschreibungen erfasst. Wenn Arbeitgeber Ihren Lebenslauf begutachten und Sie in Vorstellungsgesprächen befragen, suchen sie nach Beispielen, wie Sie Ihre Fähigkeiten in früheren Anstellungen demonstriert haben.

Übergreifende Fähigkeiten

Wenn Sie einen Stellen- oder gar Berufswechsel in eine andere Branche in Erwägung ziehen, kann Ihnen ein genauerer Blick auf Ihre Stärken dabei helfen, Ihre übergreifenden Fähigkeiten zu bestimmen. Diese sind von unschätzbarem Wert bei jeder Art von Veränderung.

Übertgreifende Fähigkeiten sind solche, die Sie bereits in einem Arbeitsbereich eingesetzt haben, die Sie aber auch in andere Jobs einbringen können. Projektmanagement kann hier als Beispiel genannt werden, weil Sie Ihr Organisationstalent, Ihre Menschenkenntnis und Ihre Planungsfähigkeiten auch in anderen Bereichen nutzen können.

Claire: „Ich habe 20 Jahre lang im Bereich der Baugenehmigungen für die Gemeinde gearbeitet und hatte Angst, dass ich nie wieder einen anderen Job finden würde, wenn ich entlassen würde. Als wir uns allerdings meine übertragbaren Fähigkeiten angesehen haben, wurde mir klar, dass ich sehr erfahren im Umgang mit schwierigem Papierkram und den Abläufen rund um Grundstücksfragen bin und diese vor allem den Hausbesitzern gut erklären kann. Ich arbeite jetzt bei einem Immobilienmakler, was mir wirklich Spaß macht, und vor allem sind meine Fähigkeiten hier relevant."

13 Übung 13: Einschätzung Ihrer Fähigkeiten

Diese Übung soll Ihnen dabei helfen, Ihre Kernkompetenzen zu identifizieren.

Nur wenige Menschen sind gleichermaßen gut in allem, seien Sie also sehr wählerisch. Hier zählen nur die Fähigkeiten, in denen Sie glänzen, und nicht Ihre durchschnittlich ausgeprägten.

Diese Übung soll Ihnen auch dabei helfen herauszufinden, von welchen Fähigkeiten Sie in Zukunft gerne profitieren möchten. Manchmal sind Sie zwar sehr gut in etwas, wollen das aber einfach nicht länger ausüben.

1. Benutzen Sie einen Farbstift und markieren Sie die Fähigkeiten (hier in alphabetischer Reihenfolge aufgelistet), die Ihrer Meinung nach zu Ihren 5-10 ausgeprägtesten gehören. Die untenstehende Liste ist nicht vollständig, aber soll Ihnen einige Stichworte vorgeben. Fügen Sie ruhig weitere Fähigkeiten hinzu, wenn Sie diese nicht auf der Liste finden.

agieren
analysieren
andere mental stärken
anwerben (von Mitgliedern, Personal, etc.)
anweisen
archivieren
artikulieren
ausbilden/ schulen
beaufsichtigen
beeinflussen
befehlen
befragen
beobachten
beraten
Berichte erstellen
beschaffen (von Materialen etc.)
bestätigen
beurteilen
bewerten
Beziehungen pflegen
coachen
Controlling
darstellen
Daten erheben
delegieren
demonstrieren
designen
diagnostizieren
diplomatisch agieren
dokumentieren
dolmetschen
durchführen
Einfühlungsvermögen zeigen
eigenverantwortlich arbeiten
einkaufen
einschätzen
Entscheidungen treffen
entwickeln
erfinden
erklären
erziehen
experimentieren
Fehler erkennen und beheben
Finanzierungen aufstellen
flexibel sein
forschen
Fristen einhalten
gestalten
Haushaltsplanung
helfen
Ideen generieren
illustrieren
informieren
innovativ denken

inspirieren
inspizieren
instand setzen
kalkulieren
kommunizieren (persönlich, telefonisch, usw.)
Konflikte bewältigen
Konzepte erstellen
koordinieren
korrigieren
Kunden betreuen
leiten
logisch denken
managen
Marketing
Mentor sein
mit Stress umgehen
moderieren
montieren
motivieren
navigieren
Networking
öffentlich reden
organisieren

Pionierarbeit leisten
planen
Präsentationen erstellen
präsentieren
präzise arbeiten
Probleme lösen/ bewältigen
produzieren
Prognosen erstellen
protokollieren
prüfen
redigieren
reparieren
repräsentieren
restaurieren
Risiken beurteilen
schätzen
schnell auffassen
schreiben
sich anpassen
sortieren
Stimmung heben
strukturieren
systematisieren
Teams leiten

Teamwork
Termine planen
Überblick behalten
überzeugen
umsetzen/ realisieren
unter Druck arbeiten
Unternehmensberatung
unterrichten
untersuchen
verbessern
vereinfachen
verhandeln
verkaufen
vermitteln
veröffentlichen
versöhnen
Vorträge halten
werben
widerlegen
zeichnen
Zeit einteilen
Ziele setzen
zuhören
zusammenfassen

2. Benutzen Sie nun einen andersfarbigen Stift und umkreisen Sie die Fähigkeiten, die Sie in Zukunft besonders nutzen wollen. Finden Sie nun Beispiele für die Fähigkeiten, die Sie als Ihre besten ansehen, um zu belegen, wann Sie von diesen Gebrauch gemacht haben. Darunter können Fähigkeiten fallen, die Sie jeden Tag benötigen, oder solche, die nur manchmal genutzt werden.

Ihre Schlüsselqualifikationen	**Beispiele dafür, wann Sie diese genutzt haben**
1.	
2.	
3.	
4.	
5.	

3. Identifizieren Sie jetzt all die Fähigkeiten, die Sie in Zukunft weiter ausbauen wollen. Diese können Ihnen dann dabei helfen, Ihren jetzigen Job besser zu meistern, Ihre Beförderungsaussichten zu verbessern oder Ihr Arbeitsleben einfach interessanter zu gestalten.

Fähigkeiten, die ich weiter ausbauen will

Beispiel

Ihre Schlüsselqualifikationen	Beispiele dafür, wann Sie diese genutzt haben
Schriftliche Kommunikation	Habe alle Nachrichten an unsere Kunden geschrieben, in denen sie über die Fusion informiert wurden. Habe ein Muster für die Webseite erstellt. Habe Berichte für die Firmenleitung zusammengestellt.

Fähigkeiten, die ich weiter ausbauen will

- Meine Präsentationsfähigkeit.
- Den Umgang mit schwierigen Menschen.
- Den Umgang mit Journalisten.

Ihre Fähigkeiten sind einer der wichtigsten Aspekte Ihres Karrierekapitals, und diese Übung wird sich als nützlich erweisen, wenn Sie Arbeitgeber von Ihrer Eignung überzeugen oder Ihre Möglichkeiten ausloten wollen. Die

Fähigkeiten, die Sie markiert haben, sind eine Entscheidungshilfe, die Ihnen zeigt, ob Sie Ihre Ziele jetzt schon erreichen können oder ob es noch Lücken gibt, die Sie vorher füllen müssen.

Später in Teil 3 werden wir auch andere Personen nach Ihren herausragenden Fähigkeiten fragen, da Sie mit einiger Wahrscheinlichkeit einige ausgelassen haben.

3.2 Steigern Sie Ihren Wert

Um einen besseren Eindruck von Ihrem Wert für einen potentiellen Arbeitgeber zu bekommen, werden wir uns nun Ihre Leistungen in der Vergangenheit ansehen. Wo haben Sie Ihren Wert bewiesen? Wo haben Sie den Wert einer Firma durch Ihre Mitarbeit gesteigert?

Betrachten wir das aus der Sicht eines Arbeitgebers. Angestellte sind teuer und die Einstellung ist sehr zeitaufwändig. Zusätzlich zu ihrem Lohn verursachen sie eine Menge Kosten von der Einarbeitung, bei Schulungen, durch den jährlichen Urlaub und durch die Krankenversicherungsabgaben.

Jeder Arbeitgeber hat Angst davor, sich einen problematischen Angestellten ins Nest zu holen, weil das noch teurer, aufwändig und letztlich eventuell sogar kontraproduktiv sein kann. Die meisten Arbeitgeber haben diese Erfahrung schon machen müssen und vielleicht können Sie deren Vorsicht nachempfinden.

Arbeitgeber beäugen die Kandidaten mit Bedacht, um verräterische Anzeichen dafür zu entdecken, ob ein potentieller neuer Mitarbeiter zum Problemfall werden könnte oder vielleicht auch das Potential hat, der Star des Teams zu werden. Wenn Sie also das Gefühl haben, dass ein Arbeitgeber Ihnen während eines Vorstellungsgespräches hart zusetzt, dann ist das durchaus richtig – er muss das tun, um das Unternehmen zu schützen und sicherzustellen, dass die Firma ihr Geld in die richtigen Menschen investiert.

Das bedeutet, dass Sie umso attraktiver für ein Unternehmen werden, je deutlicher Sie zeigen, dass Sie ein verlässlicher Angestellter sind und dass Sie in vorherigen Anstellungen den Unternehmenswert steigern konnten. Diesen Zusammenhang müssen Sie verinnerlichen, wenn Sie den Job wechseln wollen.

Arbeitgeber sind besonders daran interessiert, ob Sie Folgendes erreichen konnten:

- *den Gewinn steigern*
- *die Kosten reduzieren*
- *mehr verkaufen*
- *ein Problem lösen*
- *die Effizienz verbessern*
- *die Qualität steigern*
- *Ideen entwickeln*
- *die Kundenzufriedenheit erhöhen*

In diesem Kapitel betrachten wir Ihre Leistungen und die Art und Weise, wie sie sich für Ihre bisherigen Arbeitgeber bezahlt machten. Damit sammeln wir Beweise dafür, dass Sie den Wert eines Unternehmens steigern können.

Das wird dabei helfen, Sie als eine Person zu präsentieren, die:

- *mehr als nur das Erforderliche tut*
- *sehen kann, wie der eigene Erfolg sich auf das ganze Unternehmen auswirkt*
- *sich auf Resultate konzentriert*
- *Herausforderungen mag*
- *Dinge bewegt und anpacken kann*

Dieses Kapitel ist auch relevant, wenn Sie über einen Karrierewechsel nachdenken, egal ob Sie sich selbstständig machen oder in Ihrem jetzigen Beruf aufsteigen wollen. Das Ergebnis dieses Kapitels wird Ihnen eindeutige Beweise dafür liefern, was sie in Ihrem Berufsleben bis jetzt erreicht haben – und wird Ihnen hoffentlich auch einen Vertrauensschub geben.

Was haben Sie also erreicht?

Ganz egal, welche Stellen Sie bis jetzt hatten oder wie lange Ihre Karriere schon andauert: Sie werden schon viel erreicht haben und mehr als einmal den Wert Ihrer Firma gesteigert haben. Es ist ganz normal, dass die meisten Menschen bescheiden über ihre Beitrag sprechen. Ich habe in den vergangenen Jahren z. B. mit vielen Coaching-Klienten gearbeitet, die für ihre Arbeit Auszeichnungen bekommen haben, die aber niemals daran dachten, diese in ihrem Lebenslauf oder bei Vorstellungsgesprächen zu erwähnen. Bei der folgenden Übung haben Sie die Erlaubnis, all Ihre Bescheidenheit beiseite zu legen und sich selbst zu loben.

Vervollständigen Sie folgende Übung, die Ihnen dabei helfen wird, sich über einige der größten Erfolge und Leistungen Ihres Lebens klar zu werden.

14

Übung 14: Identifizieren Sie Ihre Erfolge

1. Listen Sie in untenstehendem Kasten spontan einige Leistungen bzw. Erfolge in Ihrer Karriere auf, die besonders befriedigend für Sie waren oder die von anderen Leuten hochgeschätzt wurden. Idealerweise beziehen diese sich auf die Arbeit, obwohl Sie natürlich auch persönliche Erfolgserlebnisse anführen können. Darunter könnten z. B. folgende Dinge fallen:

- *Auszeichnungen oder Belobigungen wie beispielsweise Verkäufer oder Mitarbeiter des Jahres*
- *die Lösung eines dringenden Problems, z. B. die Verbesserung der Kundenbeziehungen*
- *das Eingehen eines kalkulierten Risikos, das sich letztlich auszahlte, z. B. die Verhandlungen über einen neuen Abschluss*

- *Verantwortung zugesprochen bekommen, z. B. bei einer Betriebsverlagerung*
- *Verbesserungen, bei denen Sie federführend wirkten, z. B. Neudesign der Webseite*
- *Ihre stolzesten Momente im Beruf, z. B. der Start einer neuen Produktreihe*
- *persönliche Herausforderungen, wie z. B. beim Bau eines Hauses*

TIPP

Es müssen nicht nur Erfolge sein, für die Sie alleine verantwortlich waren. Wählen Sie aber Beispiele aus, bei denen Ihre Mitwirkung entweder für Sie oder für das Unternehmen signifikant war.

Es kann auch nützlich sein, wenn Sie frühere Beurteilungen oder Schriftverkehr ausgraben, wie z. B. Emails, die positive Resonanz enthalten.

Meine Erfolge

2. Suchen Sie von Ihrer obigen Liste mindestens drei Erfolge aus, erforschen Sie diese genauer und schreiben Sie Ihre Antworten auf die folgenden Fragen auf:

- *Warum sind Sie auf diese Erfolge besonders stolz?*
- *Was war daran schwierig?*
- *Was haben Sie dabei getan, das einen Unterschied bewirkt hat?*
- *Warum war dieser für Sie, das Unternehmen oder andere so bedeutend?*

3. Auf den Seiten 121 und 122 finden Sie ein Beispiel.

Erfolg 1:

Erfolg 2:

Erfolg 3:

Erfolg 4:

Beispiel Lara

- Als meine Vorgesetzte krankheitsbedingt ausfiel, sollte ich sie vertreten. Wir wussten nicht, wie lange sie ausfallen würde. Ich war noch neu und unerfahren in dieser Rolle und war deshalb sehr nervös, aber ich habe die Chance ergriffen. Es war wie eine Feuertaufe, weil es einfach viele Dinge gab, von denen ich keine Ahnung hatte, aber ich war ehrlich und wurde sehr geschickt darin, mir nötiges Wissen zu beschaffen. Die Kollegen waren sehr hilfsbereit und unterstützend - es wäre ein Albtraum gewesen, wenn sie mich hätten hängen lassen - aber ich glaube, sie haben einfach gemerkt, dass ich mein Bestes gab und wirklich helfen wollte. Ich hatte diese Position für sechs Monate inne, und diese Zeit hat mich in meiner Persönlichkeitsentwicklung enorm weitergebracht. Ich weiß, dass ich unsere Abteilung während dieser schwierigen Zeit auf Kurs gehalten habe. Meine Vorgesetzten haben mir eine Bonuszahlung gegeben, um meinen Einsatz zu würdigen. Ich war zufrieden, weil ich gute Arbeit geleistet hatte, obwohl ich mich anfangs dem Ganzen nicht gewachsen gefühlt hatte. Mich in dieser Führungsposition zurechtzufinden hat mein Selbstbewusstsein sehr gestärkt. Mein Unternehmen hat auch davon profitiert, da Geld gespart wurde, weil keine Vertretung eingestellt werden musste. Sie haben außerdem gesehen, dass ich eine zusätzliche Hilfe sein und auch außerhalb meiner Aufgaben eingesetzt werden kann. So kam es dazu, dass ich dem Projektteam der Arbeitsgruppe zugeteilt wurde.

4. Wenn Sie Ihre Schlüsselqualifikationen erforscht haben, denken Sie über folgende Fragen nach und schreiben Sie Ihre Gedanken unten auf.

Gibt es Gemeinsamkeiten zwischen den Erfolgen, die Sie ausgewählt haben?

Was sagen diese aus der Sicht eines potentiellen Arbeitgebers über Sie aus?

Beispiel Mark

Gibt es Gemeinsamkeiten zwischen den Erfolgen, die Sie ausgewählt haben?

- All meine Erfolge zeigen, dass ich es schaffe, Ordnung und Struktur in unsichere Situationen zu bringen. Ich bin gut darin, mit Unklarheiten fertig zu werden, kann sehen, welche Richtung eingeschlagen werden muss und zeige den anderen den Weg dahin auf. Ich mag es, Dinge zu organisieren. Projektarbeit ist toll.

Was sagen diese aus der Sicht eines potentiellen Arbeitgebers über Sie aus?

- Ich habe ein ausgezeichnetes Organisationstalent. Sie können mir Chaos hinterlassen und ich bringe Ordnung hinein. Überlassen Sie mir Ihre Probleme, und ich werde diese Herausforderung meistern.

Demonstrieren Sie Ihren Wert

Ihre Erfolge sind nur einige Beispiele für die positiven Beiträge, die Sie für Ihre bisherigen Arbeitgeber geleistet haben.

Es gibt vermutlich noch viel mehr Beispiele, wie Sie Ihren Arbeitgebern Ihren Wert demonstriert haben. Diese befriedigen Sie lediglich nicht so sehr wie diejenigen, die Sie in Ihre Liste aufnahmen. Vermutlich sind sie eher Teil Ihrer Alltagsverpflichtungen, aber sie sind für uns von gleichem Interesse. Hier einige Beispiele.

- *Sie haben eine Webseite auf den neuesten Stand gebracht, was die Seitenzugriffe um 10% erhöht hat.*
- *Sie haben die Art der Dateneingabe so geändert, dass die Treffsicherheit der Datenbank verbessert wurde.*
- *Sie haben ein Schaufenster so umgestaltet, dass davon mehr Kunden angezogen wurden.*
- *Sie haben die Personalfluktuation um 5% verringert, indem Sie neue Abwesenheitsregeln eingeführt haben.*
- *Sie haben neue Serviceleistungen entwickelt, die im ersten Monat mehr als 20.000 Euro an Einnahmen hervorgebracht haben.*
- *Sie haben das Datenbanksystem umorganisiert, sodass es den Verwaltungsansprüchen eher gerecht wird.*
- *Sie haben u.a. aus Mitarbeitern, die unterdurchschnittlich abschnitten, ein hochleistungsfähiges Team gebildet.*

> *Jim Rohn: „Du wirst nicht pro Stunde bezahlt. Du wirst dafür bezahlt, welchen Gewinn du aus dieser Stunde schlägst."*

Hartmut: „Mir war nicht klar, wie ich als Administrator meinen Teil zur Firma beitrug. Als ich allerdings anfing, genauer darüber nachzudenken, fielen mir etliche Dinge ein, die ich getan hatte und die wichtig waren. Wenn ich die Rechnungen nicht rechtzeitig losgeschickt hätte, wäre die Liquidität des Unternehmens aufs Spiel gesetzt worden. Wenn ich die Kundendaten nicht korrekt aufgenommen hätte, hätte ein Verkauf nicht abgeschlossen werden können."

Ganz egal, in welchem Beruf Sie gearbeitet haben, es gibt immer Dinge, die Sie beigetragen haben, die den Job, das Team oder die Firma in einem besseren Zustand hinterlassen haben, als er vor Ihrem Auftreten war. Das sind bedeutende Informationen für Ihr Karrierekapital, unabhängig davon, ob Sie für ein kommerzielles Unternehmen, eine wohltätige Einrichtung oder im öffentlichen Sektor gearbeitet haben.

Wenn Sie sich allerdings zu sehr auf Ihre Arbeit konzentrieren und es dazu vielleicht nicht gewohnt sind, profitorientiert zu denken, haben Sie vielleicht Probleme damit, Ihre Bedeutung und Ihren Einfluss im Unternehmen zu beziffern. In diesem Fall stellen Sie sich einfach mal ein Szenario vor, in dem niemand Ihre Rolle übernimmt oder eine andere Person Ihren Job schlecht macht. Was könnte dann schiefgehen? Welche Risiken hätte das für Ihr Unternehmen? Was wären die negativen Konsequenzen? Sie werden sehen, dass Sie eine Menge getan haben, was positive Auswirkungen hatte.

Versuchen Sie, wenn das möglich ist, herauszufinden, ob Ihre Abteilung oder Ihre Firma Zahlen und Fakten sammelt, die den Wert der von Ihnen angeregten Verbesserungen untermauern.

Sehen Sie sich die Abteilungsziele, Lageberichte, Umsatzzahlen und Ihre Leistungsbeurteilungen an und ziehen Sie die für Sie wichtigen Informationen heraus.

TIPP

Schreiben Sie es sich von jetzt an auf, wenn Sie Beispiele für Ihren positiven Einfluss in der Arbeit erkennen, sodass Sie Ihre Liste immer aktuell halten.

15

Übung 15: Steigern Sie Ihren Wert

1. Finden Sie maximal 4 Beispiele dafür, wie Sie in Ihrem jetzigen und in Ihrem letzten Job den Wert des Unternehmens gesteigert haben.
2. Fügen Sie Zahlen, Fakten und Prozentzahlen ein, wo Sie können, um Ihren Einfluss zu unterstreichen. Sie können dabei auch schätzen, wenn Sie keine genauen Angaben kennen.
3. Sie können auch Freiwilligenarbeit, Praktika und Freizeitaktivitäten, bei denen Sie sich als wertvoll erwiesen haben, berücksichtigen, wenn diese relevant sind.

TIPP

Erledigen Sie diese Übung nicht zu hastig – lassen Sie sich Zeit dabei, Fakten und Informationen zu sammeln, sodass Sie am Ende ein vollständiges Bild davon haben, wo Sie den Unternehmenswert steigerten und auch die notwendigen Beweise, um das zu stützen.

Unternehmen	Wie Sie deren Wert gesteigert haben

Beispiel Stefanie

Unternehmen	Wie Sie deren Wert gesteigert haben
Jonas	▶ Habe neue Email-Regelungen eingeführt und damit die Zeit reduziert, die die Mitarbeiter auf arbeitsfremden Webseiten verbracht haben. Habe das computergestützte Lernen (e-Learning) eingeführt und damit die Außer-Haus-Zeiten der Mitarbeiter reduziert indem ich Tageskurse durch sechs 30-minütigen Sitzungen ersetzt habe. Habe mit dem Bürobedarf einen neuen Vertrag ausgehandelt, der uns mehr als 500 Euro im Monat einspart.
Schmidt	▶ Haben dem Unternehmen einen neuen Kunden zugeführt, dessen Umsatz mehr als 23.500 Euro betrug. Habe das Arbeitspensum der Teams reduziert, sodass weniger Mitarbeiter benötigt wurden, was dem Unternehmen mehr als 25.000 Euro einsparte.

In diesem Kapitel haben wir uns angesehen, wie Sie einem Arbeitgeber zeigen können, dass Sie einen Gewinn für das Unternehmen darstellen, anstatt unnötige Kosten zu verursachen, und dass Sie leistungsstark und kein Paragrafenreiter sind.

Was Sie angesammelt haben, sind wertvolle Informationen. Sie können sie nutzen, um Ihrem jetzigen Arbeitgeber Ihren Wert vor Augen zu führen und damit vielleicht eine Beförderung oder eine Gehaltserhöhung rechtfertigen. Sie werden sich auch als nützlich erweisen, wenn Sie potentielle neue Arbeitgeber beeindrucken wollen.

3.3 Machen Sie sich klar, was Sie wissen

Ihr Know-how und Ihr Fachwissen sind ein Kernstück Ihres beruflichen Angebotes. Einiges davon ist auf eine Reihe von Szenarien übertragbar, manches hingegen ist sehr kontextspezifisch. Wenn Sie z. B. Experte für Tomatenkulturen sind, macht Sie das nicht zwangsläufig zum Landschaftsgärtner; wohingegen IT Fähigkeiten wie der Umgang mit Excel in vielen Bereichen und Unternehmen genutzt werden können.

Interessanterweise sehen viele meiner Klienten, und besonders diejenigen, die keinen fachspezifischen Beruf ausüben, ihr Wissen als selbstverständlich an. Es scheint, als wäre dieses Wissen so in deren Köpfen verankert, dass sie es aus den Augen verlieren.

Damit Ihr Karrierekapital seinen Wert behält, müssen Sie Ihr Wissen ständig auf dem neuesten Stand halten. Sie müssen also Auffrischungskurse besuchen, Fachzeitschriften lesen oder Konferenzen und fachspezifischen Veranstaltungen beiwohnen. Selbst wenn Sie der qualifizierteste Mitarbeiter Ihres Unternehmens sind – wenn Sie sich nicht über die Neuerungen in Ihrem Berufsfeld auf dem Laufenden halten, können Sie zur Belastung werden. Wer würde z. B. einen Personalmanager einstellen, der nichts über die neuesten Arbeitsgesetzgebungen weiß, oder einen Administrator, der nur veraltete Software benutzen kann?

Christine: „Zu Beginn war mir nicht bewusst, dass ich eine Expertin auf irgendeinem Gebiet war, aber dann stellte sich heraus, dass eine meiner Haupttätigkeiten das Organisieren von Exporten war. Ich glaube, dass ich sehr viel darüber weiß, habe das 20 Jahre lang gemacht."

In diesem Kapitel werden wir festhalten, was Sie wissen. Dazu werden wir die Schlüsselbereiche Ihres Wissens und Ihrer Aus- und Weiterbildung sowie Ihre Qualifikationen und Mitgliedschaften in Berufsverbänden betrachten.

Berufsbezogene Qualifikationen

Für einen Arbeitgeber haben die Qualifikationen Priorität, die für die zu besetzende Stelle am wichtigsten sind. Wenn Sie eine Prüfung bestanden, eine Abschlussarbeit verfasst oder ein Portfolio erstellt haben, um eine gewissen Qualifikation zu erreichen, haben Ihnen unabhängige Prüfer nachweislich Ihr geeignetes Wissen bescheinigt.

Übung 16: Ihre berufliche Glaubwürdigkeit

16

■ Qualifikationen

Schreiben Sie all Ihre beruflichen Qualifikationen auf. Darunter können Zertifikate, Diplome, staatlich anerkannte Weiterbildungen oder berufliche Abschlüsse wie eine Lehre oder Ausbildung fallen.

■ Beispiel Chris

- Bachelor in Marketing
- Zertifikat über professionelle Verkaufstechniken

▶▶

- Staatlich anerkannter Qualifikationsnachweis in Management
- Abschluss in BWL

Mitgliedschaft in Berufsverbänden

Listen Sie alle Berufsverbände auf, in denen Sie Mitglied sind, wie z. B. die Bundesärztekammer oder das Institut für Öffentlichkeitsarbeit. Diese Organisationen verlangen normalerweise von ihren Mitgliedern, dass diese sich an gewisse Standards und Gepflogenheiten halten. Führen Sie auch andere berufsbezogene Mitgliedschaften auf, die zeigen, dass Sie Ihre beruflichen Verpflichtungen ernst nehmen, sich über aktuelle Entwicklungen in Ihrem Berufsfeld auf dem Laufenden halten und Branchenkontakte pflegen. Beispielsweise könnten Sie Mitglied bei der IHK oder in Businessforen sein.

Beispiel Jennifer

- Mitglied im Bundesverband der Personalmanager (BPM)
- Regionalgruppenleiter des BPM
- Mitglied im Berufsverband Deutscher Psychologinnen und Psychologen (BDP)

Aus- und Weiterbildung

Arbeitgeber wollen sehen, dass Sie in der Vergangenheit wichtige Weiterbildungen besucht haben, und dass Ihre Fähigkeiten auf dem neuesten Stand sind. Wenn Sie zeigen können, dass Sie sich stets um Ihre Fortbildung kümmern, ist Ihr Karrierekapital aufgrund der Aktualität von höherem Wert.

Schreiben Sie unten all Ihre Aus- und Weiterbildungsmaßnahmen auf. Darunter könnten z. B. folgende Dinge fallen:

- *Firmeninterne Kurse zu Themen wie Kundenservice, Gesundheit und Arbeitssicherheit.*
- *Computerkurse wie z. B. der von Microsoft angebotene MCSE (Microsoft Certified Solutions Expert) Kurs*
- *Ausführliche Lektüre zu bestimmten Themen wie z. B. soziale Verantwortung von Unternehmen*
- *Coaching und Beratung am Arbeitsplatz*
- *Fernstudienkurse*
- *Sprach- oder Rhetorikkurse*
- *Kurse zum Thema Öffentlichkeitsarbeit oder Qualitätsmanagement*
- *Tagungen, Seminare*
- *Auslandsaufenthalte*

Übung 17: Ihre Aus- und Weiterbildung

17

1. Schreiben Sie alle Aus- und Weiterbildungsmaßnahmen hier auf.
2. Markieren Sie Bereiche, die auf den neuesten Stand gebracht werden müssen.

Beispiel Anita

- Zweitägiger Kurs zum Thema Konflikte am Arbeitsplatz
- Selbstsicherheitstraining
- Innerbetriebliche Ausbildung im Kundendienst
- Präsentationstechnik
- Führungskräfteschulung
- Umgang mit Disziplinar- und Beschwerdeverfahren
- Chancengleichheit
- Muss mich dringend über neueste Rechtsvorschriften informieren

Ihr Wissen

Neben Ihren Qualifikationen und Ausbildungen haben Sie sicherlich auch viel Wissen in Ihrem Arbeitsleben angehäuft. Das ist genauso wertvoll wie Ihre Qualifikationen, allerdings müssen Sie dieses Wissen auch durch praktische Beispiele untermauern können.

Denken Sie über Ihren jetzigen und vorherige Jobs nach. Stellen Sie sich selbst in einer bestimmten Funktion vor. In welchen Fragen würden Sie um Rat gebeten? Wann wäre Ihre Meinung erforderlich? Welche Vorkenntnisse sollte ein neuer Anwärter auf Ihren Job mitbringen? Und welches zusätzliche Wissen haben Sie sich angeeignet, während Sie diese bestimmte Position innehatten?

Übung 18: Zapfen Sie Ihr Wissen an

18

Versuchen Sie für jeden Job das Wissen herauszufiltern, das für das Unternehmen wichtig war. Beispielsweise könnte das Folgendes sein:

- *Ihr technisches Fachwissen, z. B. über Verwaltungskonten*
- *Wissen über spezielle Produkte oder Dienstleistungen, z. B. zum Thema Mobiltelefone*
- *Ihr Verständnis für einen speziellen Arbeitsbereich oder Industriesektor, z. B. für den Gemeinderat oder Gewerkschaften*
- *Ortsbezogenes oder internationales Wissen, z. B. über den Handel in China*
- *kulturelles Wissen, z. B. die Fähigkeit, mit verschiedenen ethnischen Gruppen zu arbeiten*
- *Fachwissen über Systeme und Prozeduren, z. B. über die ISO Qualitätsstandards*
- *Forschungserkenntnisse, wie z. B. klinische Studien*
- *Kenntnisse über bestimmte Kundengruppen und Lieferanten wie z. B. KMU (Kleine und mittlere Unternehmen) spezifische Regelungen*

Schreiben Sie die Schlüsselbereiche Ihres Wissens unten auf:

TIPP

Für Hilfe zu dieser Übung sehen Sie sich erneut die Liste vergangener Anstellungen aus Übung 11 an.

Beispiel Chris

- Internationales Kongressmanagement
- Vertriebs- und Marketingmethoden
- Web-Seminare
- Erstellen von Geschäftsangeboten
- Vorsitz von Tagungen
- Dienstleistungsvereinbarungen (Service-Level-Agreement SLA)
- Auftragsvergabe im öffentlichen Sektor
- Budgetierung
- Teamleitung
- Leistungsanreize

In diesem Kapitel haben Sie die Schlüsselelemente Ihres Karrierekapitals von den Qualifikationen bis hin zum angeeigneten Wissen dokumentiert. Das wird von Nutzen sein, wenn Sie später einem potentiellen Arbeitgeber Ihre berufsbezogene Glaubwürdigkeit beweisen wollen und bildet die Basis dafür, Ihren eigenen Wert zu bestimmen – vor sich selbst genauso wie vor potentiellen Arbeitgebern.

3.4 Sonstiges Karrierekapital

Neben Ihren Qualifikationen und Ausbildungserfahrungen gibt es noch viele andere Dinge, die Sie zu Ihrem Karrierekapital zählen sollten. Beispielsweise wertvolle Erfahrungen, die Sie außerhalb Ihres Jobs gemacht haben, Ihr exklusiver Zugriff auf Informationen und Kontakte oder der Ruf, den Sie sich in Ihrer Branche erarbeitet haben.

Dieser Abschnitt soll Sie dazu anregen, sich auf weitere Dinge zu besinnen, die Sie einem neuen Arbeitgeber zu bieten haben.

Erfahrungen, die nicht auf die Arbeit bezogen sind

Daniel: „Ich arbeite schon lange als Mentor für sozial benachteiligte Jugendliche. Diese Arbeit hat mir die Augen geöffnet und war sehr bereichernd. Ich habe dadurch realisiert, dass ich vorher nicht über den Tellerrand geschaut habe und dass wir sowohl in unserem Unternehmen als auch bei den angebotenen Dienstleistungen solche Menschen mehr einbeziehen sollten."

Sämtliche Erfahrungen, die Sie in einem relevanten Umfeld gesammelt haben, wo Sie die Chance genutzt haben, Ihre Fähigkeiten und Kompetenzen weiterzuentwickeln, oder Ihr Engagement und Ihren Leistungswillen demonstriert haben, können für einen Arbeitgeber von Interesse sein.

Ehrenamtliche Tätigkeiten eignen sich z. B. gut, um Ihre Arbeitsmoral zu beweisen. Sie zeigen damit Einsatzbereitschaft und Gemeinschaftssinn, also Eigenschaften, die Arbeitgeber sich von ihren Mitarbeitern erhoffen.

Auf diese Liste gehören beispielsweise:

- *Die Organisation einer Benefizveranstaltung*
- *Praktika und Werkstudienplätze*
- *Mithilfe im Unternehmen eines Freundes*
- *Politisches Engagement z. B. im Stadt- oder Gemeinderat*
- *Mentor von Schutzbedürftigen*
- *Mitgliedschaft bei der Freiwilligen Feuerwehr oder im THW*
- *Organisation der lokalen Fußballmannschaft.*

19

Übung 19: Weitere Berufserfahrung

Beispiel Anita

- Habe dabei geholfen, Sponsoren für die Schulfeier zu finden – musste dabei mit ortsansässigen Firmen sprechen, unter anderem dem Gartencenter, die uns viele der Pflanzen, die wir jetzt verkaufen, gestiftet haben. Mithilfe bei der Organisation einer Bürgerbewegung, die gegen die geplante Bebauung des Grüngürtels kämpft.

Hobbys und Interessen

Welche Hobbys oder Interessen (die nichts mit Ihrem Beruf zu tun haben) haben Sie außerhalb der Arbeit? Könnten diese für Ihre zukünftige

Karriere von Bedeutung sein? Das heißt nicht notwendigerweise, dass Sie Ihr Hobby zum Beruf machen müssen, aber es kann Ihnen den Weg in ein Unternehmen weisen, das Verbindungen oder Parallelen zu Ihrem Hobby aufweist.

Elisabeth: „Ich liebe klassische Musik, also war die Arbeit für das Marketingteam des Opernensembles mein Traumjob."

Ich habe viele Kunden betreut, die jetzt, da sie in einen passenden Job gewechselt haben, viel zufriedener mit ihrer Karriere sind, wie z. B. einen Buchhalter, der inzwischen in einem Golfclub arbeitet, und einen Vertriebsleiter, der in die Filmindustrie gegangen ist.

Übung 20: Ihre Hobbys und Interessen

20

Beispiel Gerhard

- Ich interessiere mich für Fotografie, Computerspiele, Autos, Technik, iPhone- Apps.

Ihre Netzwerke

Ihre Fähigkeit, auf gewisse Personen, Informationen und Ressourcen zugreifen zu können, ist Teil Ihres Karrierekapitals. Wenn Sie die Schlüsselpersonen Ihrer Branche kennen und schon Kontakte zu potentiellen Kunden oder einflussreichen Personen geknüpft haben, könnte Ihr zukünftiger Arbeitgeber davon profitieren. Von Leuten, die in der PR-Branche arbeiten, wird z. B. von vorneherein erwartet, dass sie geeignete Kontakte haben. Auch für einen Kaufmann kann es nur von Vorteil sein, wenn er schon potentielle Kunden kennt. Denken Sie also darüber nach, welche Leute Sie kennen oder auf wen Sie zurückgreifen können wie z. B.:

- *Potentielle Kunden – Einzelpersonen, Gruppen oder Unternehmen*
- *Die wichtigsten Branchengrößen, also die größten Unternehmen Ihres Arbeitsfeldes*
- *Wichtige Entscheidungsgrößen wie z. B. den Gemeinderat*
- *Politiker wie z. B. Landtagsabgeordnete*
- *Leute, die Ihnen Informationen liefern oder Ihnen Zugriff auf Ressourcen geben können*
- *Handelsorgane*
- *Kontakte, die dem Prestige dienen, wie z. B. Promis und Stars*

21

Übung 21: Ihre Netzwerke

Schreiben Sie hier auf, welche Leute Sie kennen und welche Kontakte Sie haben, die Ihnen dabei helfen können, gute Arbeit für Ihr Unternehmen zu leisten.

Beispiel Rosie

- Beschaffungsmanager bei ZYS
- Journalist, der eine eigene Lokalzeitung leitet
- Rachel, die Vorsitzende beim Kuratorium
- Ben vom Finanzausschuss
- Jane, die Ausbildungsleiterin
- Ryan von der Softwarefirma

Übung 22: Zusätzliche Informationen

22

Gibt es noch etwas anderes, das Sie bieten können und das für einen potentiellen Arbeitgeber von Interesse sein könnte? Wie z. B.:

- *Publikationen, Blogs, Artikel, die Sie schreiben*
- *Präsentationen, die Sie durchgeführt haben*
- *Sprachen, die Sie sprechen*

■ Beispiel Gerd

- Ich schreibe einen wöchentlichen Blog, der sich mit ökologischen Themen beschäftigt, und ich ließ mich bei der Wahl zum Gemeinderat aufstellen.

Machen Sie sich Ihr Karrierekapital bewusst

In Teil 3 haben wir uns detailliert viele Dinge angesehen, die Ihr Karrierekapital beeinflussen.

Es ist sehr wahrscheinlich, dass Ihr momentaner Chef das meiste, das Sie seiner Firma bieten können, gar nicht kennt. Wenn es Fähigkeits- und Wissensbereiche gibt, die Sie im Moment nicht nutzen, von denen Ihre Firma aber profitieren könnte, ist es an der Zeit, die Chance zu ergreifen und neue Arbeitsfelder auszuprobieren. Ich erinnere mich an eine Klientin, die mehrere Sprachen sprach. Das war zwar nicht unmittelbar für ihren Job wichtig, aber sie hat gemerkt, dass sie dem Unternehmen bei der Organisation von internationalen Konferenzen helfen könnte. Man erlaubte ihr, es zu versuchen, und sie war ein so erfolgreicher Teil des Eventmanagement-Teams, dass sie ein Jahr später ganz in diese Abteilung versetzt wurde.

Fast jeder Klient, mit dem ich jemals zusammengearbeitet habe, hat die Ausmaße seines Karrierekapitals falsch eingeschätzt. Wenn Sie nicht wissen, was Sie vorweisen können, laufen Sie Gefahr, sich unter Wert zu verkaufen.

TIPP

Auf Seite 311 gibt es einen Abschnitt, bei dem Sie die Schlüsselelemente Ihres Karrierekapitals in Ihrer Karrierezusammenfassung notieren sollen. Blättern Sie jetzt zu dieser Seite vor und tragen Sie die Informationen, die Sie in Teil 3 gesammelt haben, dort ein, sodass Sie zukünftig leicht darauf zugreifen können.

Übung 23: Reflexion zu Teil 3

23

In diesem Abschnitt haben Sie viele Informationen über Ihr Karrierekapital gesammelt, die die verschiedensten Bereiche abdecken.
Schauen Sie sich folgende Übungen noch einmal an:

- *Übung 13: Einschätzung Ihrer Fähigkeiten (S. 110)*
- *Übung 14: Identifizieren Sie Ihre Erfolge (S. 118)*
- *Übung 15: Steigern Sie Ihren Wert (S. 126)*
- *Übung 16: Ihre berufliche Glaubwürdigkeit (S. 129)*
- *Übung 17: Ihre Aus- und Weiterbildung (S. 131)*
- *Übung 18: Zapfen Sie Ihr Wissen an (S. 133)*
- *Übung 19: Weitere Berufserfahrungen (S. 136)*
- *Übung 20: Ihre Hobby und Interessen (S. 137)*
- *Übung 21: Ihre Netzwerke (S. 138)*
- *Übung 22: Zusätzliche Informationen (S. 139)*

Vervollständigen Sie nun folgende Reflexionsübung. Sinn dieser Übung ist es, alle Gedanken, die Sie zu folgenden Themen haben, festzuhalten.

- *Was haben Sie in diesem Abschnitt über sich gelernt?*
- *Was fanden Sie schwierig?*
- *Hatten Sie während der Übungen zusätzliche Gedanken oder Ideen?*
- *Maßnahmen, die Sie ergreifen können*

Meine Reflexionen dazu, was ich bieten kann

Maßnahmen

Beispiel Sharon: Meine Reflexionen dazu, was ich bieten kann

- Als ich mir mein Karrierekapital ansah, war ich zugegebenermaßen beeindruckt. Es gab mehr davon, als ich ursprünglich dachte.
- Ich hatte ganz vergessen, dass ich viel Wissen rund um das Thema Arbeit mit Schutzbedürftigen durch meine Arbeit im Sozialdienst gesammelt hatte. Das hilft mir jetzt, mit schwierigen Kunden umzugehen, denn ich habe früher viel über Konfliktbewältigung gelernt.

Beispiel: Sharons` Maßnahmen

1. Mich selbst immer wieder daran erinnern, was ich zu bieten habe, um mein Selbstvertrauen zu stärken
2. Die Informationen, die ich in diesem Abschnitt zusammengetragen habe, zu nutzen, wenn ich meinen Lebenslauf schreibe oder ein Vorstellungsgespräch habe
3. In Erfahrung bringen, ob es Kurse gibt, um meine Fähigkeiten weiterzuentwickeln

TIPP

Wir werden noch einmal auf diese Reflexionsübung zurückkommen, wenn wir in Übung 48 auf Ihr Karriere Coaching zurückblicken.

Teil 4

Alles über Sie

Bislang haben wir uns mit Ihrer momentanen Karrieresituation, Ihrem persönlichen und beruflichen Werdegang und auch Ihrem Karrierekapital beschäftigt.

Im vierten Teil werden wir mehr über Ihre Persönlichkeit und Ihr Verhalten am Arbeitsplatz herausfinden. Zudem werden wir Feedback von Ihren Freunden und Kollegen sammeln, um zu erfahren, wie andere Menschen Sie wahrnehmen.

Ob Sie es wollen oder nicht, ein zukünftiger Arbeitgeber fällt ein Urteil über die Person, für die er Sie hält und darüber, ob Sie gut in das Unternehmen passen. Wenn Sie sich über Ihren eigenen Arbeitsstil im Klaren sind, können Sie aktiv nach Unternehmen suchen, in die Sie gut hineinpassen würden.

In diesem Abschnitt werden wir:

- ✓ uns Ihre Persönlichkeit und deren Auswirkungen auf Ihre Karriere ansehen
- ✓ herausfinden, welcher Arbeitsstil am besten zu Ihnen passt
- ✓ Feedback darüber sammeln, wie andere Sie sehen

4.1 Ihr Arbeitsstil

Es gibt bestimmte Persönlichkeitsmerkmale und Verhaltensweisen, die jeder Arbeitgeber von jedem seiner Mitarbeiter erwartet. Hierzu gehören:

- *Zuverlässigkeit*
- *Ehrlichkeit*
- *Flexibilität*
- *Energie*
- *Fleiß*
- *Teamfähigkeit*
- *eigenverantwortliches Arbeiten*
- *Kundenorientierung*
- *Einhaltung von Vorgaben*

Dennoch gibt es noch weitere Faktoren, die eine Rollen spielen, wenn Sie einen Arbeitgeber davon überzeugen wollen, dass Sie in sein Unternehmen passen. Dazu zählen:

- *persönliche Eigenschaften, die in einem bestimmten Arbeitsbereich als hilfreich gelten*
- *ob Ihr Verhalten der jeweiligen Unternehmenskultur entspricht*
- *ob Sie mit anderen Mitarbeitern im Team zusammenarbeiten können*

Es gibt allerdings keinen richtigen oder falschen Persönlichkeitstyp. Was als „richtig" erachtet wird, ist schlichtweg das, was am besten in ein bestimmtes Umfeld passt. Ein Verkehrspolizist benötigt mentale Stärke und

Durchsetzungskraft, ein Altenpfleger Geduld. Umgekehrt ist das nicht in dem Maß der Fall.

Ihre Persönlichkeit

Es gibt viele Persönlichkeitstyp-Fragebögen. Als international bekannter Fragebogen ist das NEO-Fünf-Faktoren-Inventar (NEO-FFI) zu nennen, welches oft von Arbeitgebern genutzt wird. Mit deren Hilfe suchen sie nach neuen Mitarbeitern, die bestimmte Eigenschaften aufweisen, die nötig sind, um den freien Posten optimal auszufüllen. Ein Betrieb kann so zum Beispiel herausfinden, ob die Anwärter für die Stelle als Auditor methodisch und gründlich arbeiten können und mit einer ehrlichen und professionellen Skepsis an ihre Arbeit herangehen.

Wenn wir uns das Verhalten und die Persönlichkeit eines Menschen abgelöst von seiner beruflichen Rolle ansehen, dann stellen wir schnell fest, dass es noch andere Faktoren gibt, die berücksichtigt werden müssen.

Jan: „Ich habe meinen letzten Job gehasst. Mein Vorgesetzter war sehr wählerisch, was die Ausführung der Arbeiten anging, und ich wurde gewöhnlich sehr wütend, weil er sich über kleine Details aufregte und mir damit das Gefühl gab, inkompetent zu sein."

Ihre Arbeitstechnik kann beispielsweise in verschiedenen Jobs weitestgehend gleich bleiben. Sind Sie sehr organisiert in einem Job, werden Sie dies voraussichtlich auch in einem anderen sein. Allerdings können Verhaltensmuster sich auch ändern. Sogar eine kontaktstarke, extrovertierte Person würde sich angespannt und verunsichert verhalten, wenn sie von Kollegen angegriffen wird - um nur ein Beispiel zu nennen.

Sicherlich gibt es Zeiten, in denen Sie in Topform sind: intelligent, selbstbewusst, energiegeladen und leistungsfähig. Aber die meisten Menschen haben trotzdem mindestens einmal eine schlechte Erfahrung am Arbeitsplatz gemacht, wenn sie plötzlich in Bereichen, in denen sie eigentlich gut waren, Fehlschläge erlitten.

TIPP

Auf die Übungen in diesem Kapitel werden wir zurückkommen, wenn wir auf Seite 310 Ihre Karrierezusammenfassung erstellen.

Die folgenden Aufgaben basieren auf den Persönlichkeitstypen, die in den meistverwendeten Persönlichkeits-Fragebögen beschrieben werden. Suchen Sie für diese Übung bewusst nach Parallelen im Hinblick auf Ihren Arbeitsstil in verschiedenen Berufsbereichen und konzentrieren Sie sich nicht nur auf Ihre momentane Anstellung.

Übung 24: Selbsteinschätzung

24

1. Beantworten Sie die untenstehenden Fragen so ehrlich wie möglich. Es gibt keine richtigen oder falschen Antworten: Die Fragen sollen Sie vielmehr anregen, über sich selbst nachzudenken. Der Sinn dieser Übung ist es, Sie dabei zu unterstützen, mehr über Ihr Arbeitsverhalten herauszufinden.
2. Nennen Sie Beispiele als Beleg für Ihre Antworten. Sie können Beispiele aus verschiedenen Jobs oder karrierespezifische Erfahrungen auswählen, aber achten Sie darauf, dass diese beruflicher, nicht privater Natur sind.

3. Zögern Sie nicht, andere Persönlichkeitsmerkmale oder Verhaltensweisen hinzuzufügen, insofern diese Ihnen zutreffend erscheinen.

	Antworten und Beispiele
Geht es Ihnen bei der Arbeit um das Gesamtbild oder achten Sie auf Einzelheiten?	
Sind Sie ein akribischer Planer oder ein spontaner Mensch?	
Wie gut können Sie unter hohem Druck arbeiten?	
Sind Sie lieber Anführer oder Unterstützer?.	
Wie handhaben Sie Ihre eigenen Misserfolge und die von anderen?	
Wie gut können Sie mit fremden Menschen umgehen?	
Bevorzugen Sie einen festgelegten Arbeitsalltag oder begrüßen Sie Abwechslung?	
Wie konkurrenzfähig sind Sie?	
Würden Außenstehende Sie eher als Optimist oder Pessimist beschreiben?	
Möchten Sie alles perfekt haben oder reicht Ihnen „gut genug" aus?	
Wie kreativ oder gestalterisch sind Sie?	
Integrieren Sie sich lieber auf der Arbeit oder möchten Sie herausstechen?	

Womit arbeiten Sie am liebsten: Zahlen und Fakten, abstrakte Konzepte, praktische Dinge oder Menschen?	
Sind Sie ein Querdenker? Probieren Sie gerne neue Herangehensweisen aus?	
Sind Sie ergebnisorientiert, oder ist die Bearbeitungsphase eines Projektes für Sie ebenso wichtig oder vielleicht sogar wichtiger?	
Würden andere Sie als „Macher", „Denker" oder „geselliger Mensch" beschreiben?	
Falls Sie eine leitende Funktion innehaben, wie würden andere Ihren Führungsstil beschreiben? (z. B. beratend, autoritär, etc.)	
Arbeiten Sie lieber mit Gegenständen, Ausrüstung oder an lebensnahen Aufgaben, anstatt sich intellektuellen oder emotionalen Herausforderungen zu stellen?	
Wie hoch ist Ihre Risikobereitschaft?	
Ist Ihnen die Arbeit im Team oder der Gruppe lieber als das eigenständige Arbeiten?	
Wie wichtig ist es Ihnen, bei Ihrer Arbeit körperlich aktiv zu sein?	
Helfen oder pflegen Sie gerne Menschen?	
Mögen Sie das Arbeiten mit Zielen und festgesetzten Fristen oder bevorzugen Sie einen lockeren Rahmen?	

Beispiel Viktoria

	Antworten und Beispiele
Geht es Ihnen bei der Arbeit um das Gesamtbild oder achten Sie auf Einzelheiten?	▶ Mir ist das Gesamtbild am wichtigsten. Ich habe gerne neue Strategien mit ausgearbeitet, aber ich habe immer lieber die zugehörigen Diskussionen geleitet, anstatt die Ergebnisse zu Papier zu bringen, da dies mühsam und unspektakulär war. ▶ Wenn wir ein Geschäft tätigen, baue ich am liebsten die Beziehungen zu den Kunden auf, jedoch überlasse ich anderen die Verhandlungen der Vertragsinhalte.
Sind Sie ein akribischer Planer oder ein spontaner Mensch?	▶ Ich übertrage einen großen Teil der Organisation an Maria, die sich dann in meinem Namen darum kümmert. Ich gebe ihr nur ein paar Tipps, mit denen sie dann arbeitet. ▶ Ich würde mich nicht als akribischen Planer beschreiben - manchmal mache ich etwas erst in letzter Minute, wie beispielsweise die Vorbereitung auf die Tagung im letzten Jahr, aber am Ende schaffe ich es trotzdem immer noch.
Bevorzugen Sie einen festgelegten Arbeitsalltag oder begrüßen Sie Abwechslung?	▶ Es würde mich langweilen, wenn ich jeden Tag dasselbe täte. Ich mag Abwechslung. Ich mag die Unberechenbarkeit in meinem Job. Ich denke beispielsweise, dass ich die Warenrückrufaktion gut gemeistert habe, obwohl ich unter enormem Zeitdruck stand.
Wie gut können Sie unter hohem Druck arbeiten?	▶ Die Zeit als wir noch nicht wussten, ob die Firma verkauft wird, war sehr stressig. Ich glaube allerdings, dass mich diese Situation nur insofern beeinflusst hat, als ich keine eigenständigen Entscheidungen fällen durfte. Aber normalerweise habe ich viel mit Dingen zu tun, bei denen die Zeit drängt; z. B. sollte ich das Problem bei einer Produktlinie finden und die Warenrückrufaktion leiten.

Ihre Antworten geben uns wichtige Hinweise darauf, welche Anstellungen und welche Firmen in Zukunft für Sie in Frage kommen.

Beispielsweise hat es keinen Sinn, in einem umsatzorientierten Beruf zu arbeiten, auch wenn er Ihnen noch so gut gefällt, wenn Sie sich nicht nach Zielvorgaben richten möchten. Wenn Sie lieber ruhig und konzentriert arbeiten, werden Sie in einem hektischen Großraumbüro nicht die bestmögliche Leistung bringen.

Der amerikanische Psychologe John L. Holland entwickelte ein Berufsbestandsverzeichnis, das von zahlreichen Karriereberatern genutzt wird, um Personen die Karrieren und Firmenarten aufzuzeigen, die zu deren Arbeitstechnik passen.

Der folgende Bestandsüberblick besteht aus sechs Faktoren und einer von mir hinzugefügten Auswahlliste für Jobs, die am besten zu den einzelnen Arbeitstechniken passen, wenngleich sie sich natürlich nicht auf eine einzelne Arbeitstechnik reduzieren lassen.

■ Beispiel Interessen-Modell nach Holland

Faktor	**Passende Jobs**
Macher realistisch, praktisch, körperlich, aktiv, werkzeugorientiert, mechanisch veranlagt	Chef, Mechaniker, Sanitäter, Polizeibeamter, Tierarzt, Mediziner, Therapeut, Friseur, Personal Trainer, Konferenzveranstalter
Forscher Denker, analytisch, intellektuell, wissenschaftlich, erforschend	Rechtsanwalt, Arzt, Statistiker, Psychologe, Wirtschaftsanalytiker, Labortechniker, Meeresbiologe, Softwareentwickler, Marktforscher, Wirtschaftswissenschaftler
Schöpfer künstlerisch, kreativ, originell, unabhängig, chaotisch, aus der Reihe tanzend	Schriftsteller, Werbeberater, Designer, PR-Fachmann, Marketingmanager, Erfinder, Fotograf, Musiker, Trickzeichner, Filmemacher

▶▶

Faktor	Passende Jobs
Helfer sozial veranlagt, gesellig, unterstützend, heilend, pflegend	Krankenschwester, Therapeut, Sozialarbeiter, Lehrer, Rezeptionist, Vermittler, Kundenberater, Trainer, Entwicklungshelfer
Geschäftsmann/frau konkurrenzfähig, entscheidungsfreudig, überzeugend, verkaufend, dominierend, auf Ansehen bedacht, überzeugend	Verkaufsleiter, Einzelhandelskaufmann, Anlagebankier, Unternehmensberater, Buchhändler, Politiker, Journalist, Immobilienmakler, Business-Stratege, Selbständiger
Verwalter konservativ, detailverliebt, organisiert	Korrektor, technischer Redakteur, Qualitätskontrolleur, Programmierer, Auditor, Logistikprofi, Gesellschaftssekretär, Buchhalter, Städtebauer, klinischer Forscher
	Basierend auf der RIASEC-Typologie von John L. Holland

25 Übung 25: Ihr Persönlichkeitstyp

1. Nachdem Sie sich nun mit der RIASEC-Typologie von John L. Holland beschäftigt haben – welcher Persönlichkeitstyp passt Ihrer Meinung nach am besten zu Ihnen?
2. Benutzen Sie Ihre Antworten von Aufgabe 24 und das oben aufgeführten Karriereverzeichnis, um aufzuschreiben, welcher Faktor Ihrer Meinung nach am besten zu Ihnen passt. Sie können auch mehr als einen Faktor anführen, wenn Sie mehr als einen zutreffend finden. Lassen Sie sich mehreren Typen zuordnen, dann machen Sie sich keine Sorgen: einige Jobs passen in mehrere Kategorien; beispielsweise kann ein Ingenieur sowohl praktisch als auch forschend veranlagt sein, während eine Krankenschwester sich eher in der realistischen und sozialen Richtung einordnen würde.
3. Ist ein Faktor dominanter, so sollten Sie sich diese Sparte von Jobs näher ansehen, da diese besonders gut zu Ihnen passt.

Ihre Persönlichkeit bei der Arbeit

Die Technik Ihres Teams

Ihre Kompatibilität mit einem spezifischen Arbeitsplatz wird neben den bereits genannten Faktoren außerdem von dem jeweiligen Team beeinflusst, mit dem Sie zusammenarbeiten, sowie von der Firma und Ihrem Chef. Jede Einrichtung besitzt einen eigenen Stil, und Ihr Vorgesetzter wird Ihnen relativ strikt vorschreiben, wie Sie Ihre Aufgaben zu erledigen haben. Wenn Ihr Chef also viel Wert auf Details legt, werden Sie die Anweisung haben, auch detailliert zu arbeiten - ungeachtet dessen, ob Ihre Funktion in der Firma dies erfordert oder nicht.

Zudem darf nicht außer Acht gelassen werden, dass jede Firma ihre eigene ausgeprägte Persönlichkeit hat. Alle Unternehmen haben ihre eigene Art zu arbeiten, eine persönliche Vorstellung von der richtigen Art die Aufgaben anzugehen und nicht zuletzt deshalb konkrete Anforderungen an Sie.

Hier sind ein paar Beispiele der verschiedenen Stile in der Unternehmenskultur.

Art des Unternehmens	**Erklärung**	**Jobbeispiel**
Bürokratisch	Wichtig, die Abläufe, Regeln, Vorgehensweisen zu kennen und der Büroarbeit nachzukommen	Staatsdienst, Behörde
Sozial	nicht auf Profit ausgerichtet, sondern auf die gesellschaftliche Wirkung	Non-Profit-Organisationen wie Caritas, Pro Familia etc.
Unternehmerisch	innovativ, Risikobereitschaft, Gelegenheiten schnell ergreifen, dynamisch	Vertrieb, Selbständigkeit
Expertenkultur	Angebot sehr spezialisierter Dienstleistungen, hohe Expertise	Universität
Handlungsorientiert	Umgang mit Dingen, weniger mit Ideen	Handwerk, Landwirtschaft
Machtorientiert	Position und Entscheidungsspielraum sind wichtig; strenge Hierarchie	Inhabergeführte Unternehmen
Kreativ	Ideen stehen im Mittelpunkt, kreative Abläufe werden gefördert	Werbebranche, Kreativwirtschaft
Vergütungskultur	Bezahlung teilt sich in Grundgehalt und leistungsbezogene Prämien	Vertrieb, Akquise, Expansion
Strategisch	auf Langzeitziele, Forschung und Planung konzentriert	Forschung, Regierungseinrichtungen
Fokus auf kurzfristige Erfolge	kurze Haltbarkeit der Produkte bzw. des Service, deshalb hohe Ablaufgeschwindigkeit	Modebranche, Buchbranche

Übung 26: Was passt zu Ihnen?

26

Schreiben Sie in den untenstehenden Kasten die Art von Unternehmen, die Ihrer Meinung nach am besten zu Ihrem Arbeitsstil passen würde.

Sie können zudem auch Unternehmen aufführen, in denen Sie bereits zuvor gerne oder weniger gerne gearbeitet haben bzw. dort zufrieden oder unzufrieden waren, wie auch die Organisationsstile, die diesen Firmen jeweils entsprachen.

Diese Informationen werden nützlich sein, wenn Sie auf Seite 304 Ihren Karriere-Maßnahmenplan erstellen.

Mein bevorzugter Unternehmensstil

Ihre Persönlichkeit und Ihr Verhalten auf der Arbeit ist ein derartig wichtiger Schlüsselfaktor für Ihren beruflichen Erfolg, dass wir uns nun Ihrer Selbsteinschätzung widmen müssen.

Das nächste Kapitel wird Ihnen dabei helfen, Ihr Selbstbild mit dem Bild, das andere von Ihnen haben, in Einklang zu bringen.

4.2 Resonanz und Feedback

Als Sie Ihre Geschichte zusammengefasst und in Teil 1 auf Ihre Welt geblickt haben, haben Sie festgestellt, wie subjektiv diese ist. Es kann sehr schwierig sein, objektiv zu bleiben, und oftmals sehen Außenstehende uns völlig anders als wir uns selbst. Womöglich zweifeln Sie an sich, aber andere sehen Sie als selbstbewusste Person. Vielleicht machen Sie sich Sorgen, dass Sie als zu aufdringlich herüberkommen, obwohl andere vielmehr denken, dass es Ihnen an Durchsetzungsvermögen fehlt.

Wie andere Sie sehen

In Ihrem Beruf, egal ob Sie neu darin sind oder ihn schon langjährig ausüben, werden Sie ständig nach Ihren Fähigkeiten bewertet, aber auch nach Ihrem Verhalten und Ihrer Persönlichkeit. Daher ist es besonders wichtig, dass Sie verstehen, was andere Menschen in Ihnen sehen können. Obwohl das ein sensibles Thema ist, ist das Einholen von Feedback die beste Möglichkeit, das herauszufinden. Natürlich ist es zudem eines der grundlegendsten Elemente des Karriere Coachings. Es hilft dabei:

- *Ihr Selbstvertrauen in Dingen zu stärken, in denen Sie gut sind*
- *Ihren Wert für einen potentiellen Arbeitgeber auf den Punkt zu bringen*
- *Ihnen zusätzliche Informationen zu geben, die sie womöglich übersehen haben*
- *Defizite zu erkennen*
- *herauszufinden, wie Sie eventuelle Lücken überbrücken könnten*
- *einen Richtwert zu erstellen, damit Sie sich besser mit anderen vergleichen können*

Um dieses Feedback zu erhalten, wenden wir ein Verfahren an, das häufig in Unternehmen genutzt wird und „360-Grad-Feedback" oder Rundum-Beurteilung genannt wird. Es ist praktisch eine Bewertungsübung, bei der Sie Personen aussuchen, die Sie kennen und die Ihnen deshalb sagen können, worin Ihre beruflichen Stärken liegen und was Sie besser machen könnten. Vielleicht haben die ausgewählten Personen sogar konkrete Verbesserungsvorschläge für Sie parat.

Die meisten Menschen geben sehr bereitwillig ihre Meinung kund, wenn sie gefragt werden. Ihre Sicht wird natürlich subjektiv sein. Die Personen sehen Sie aus unterschiedlichen Blickwinkeln und wissen, wie Sie sich unter bestimmten Umständen verhalten. Denken Sie an frühere Jobs: Da waren sicher eine Menge Leute, die das Beste oder aber auch das Schlechteste aus Ihnen herausgeholt haben.

Es ist allerdings möglich, dass einige Inhalte wieder und wieder zur Sprache kommen, weil diese Teil der Wahrnehmung sind, die andere allgemein von Ihnen haben. Finden wir also heraus, welche das sind.

Übung 27: 360 Grad

27

Das Ziel dieser Übung ist es, von Ihren Bekannten Feedback über Ihre positiven Eigenschaften und Stärken einzuholen und auch zu erfragen, in welchen Bereichen Sie sich noch weiterentwickeln müssen.

1. Sammeln Sie alle Einschätzungen, Rückmeldungen, beruflichen Emails etc., in denen Sie irgendeine Art von Feedback erhalten haben, das sich auf Ihre berufliche Leistung, Ihr Verhalten oder Ihre persönlichen Qualitäten bezieht. Ganz egal, ob Sie dem Feedback zustimmen oder nicht – sammeln Sie einfach alles.
2. Schreiben Sie eine Liste der Leute, die Sie gerne um Feedback bitten würden und die Ihnen eine kompetente Einschätzung geben können.

Darunter können Vorgesetzte, Kollegen, Trainer, Kunden, etc. fallen. Wählen Sie mindestens vier Personen aus, von denen mindestens eine in einer höheren Funktion gearbeitet hat als Sie selbst, also z. B. Ihr direkter Vorgesetzter war.

TIPP

Wählen Sie hierfür Menschen aus, von denen Sie sich ehrliches, aber auch konstruktives Feedback erhoffen.

3. Erklären Sie diesen, dass Sie in Ihrer Laufbahn voranschreiten und zu diesem Zweck persönliches Feedback einholen möchten, und fragen Sie, ob die jeweilige Person sich die Zeit nehmen würde, um ein paar Fragen zu beantworten. Im Idealfall erklären sie sich dazu bereit, sich mit Ihnen zu treffen, da solche Fragen besser von Angesicht zu Angesicht diskutiert werden. Ist es jedoch nicht möglich, eine Person der Liste persönlich zu treffen, so können Sie dieser Ihre Fragen gegebenenfalls auch per Email schicken oder am Telefon stellen.

TIPP

Sie können es sich auch aussuchen, ob Sie Ihrer Familie und Ihren Freunden dieselben Fragen stellen. Auch wenn es Unterschiede zwischen Ihrem Arbeitsverhalten und Ihrem Verhalten zuhause geben wird, gewinnen Sie dadurch interessante Einblicke, insbesondere wenn Sie mit Ihrer Familie häufig Konversationen über Ihren Arbeitsalltag führen.

4. Fragen Sie sie Folgendes:

Wie würden Sie mich beschreiben?

Worin liegen Ihrer Meinung nach meine Stärken?

In welchen Bereichen sollte ich mich noch verbessern und aus welchem Grund?

Haben Sie irgendwelche Ratschläge für mich, was ich tun kann, um meine Karriere weiterzuentwickeln?

TIPP

Sie können auch nachsehen, ob die Angaben Ihrer Freunde mit Ihrer Selbstbewertung in den Aufgaben 24, 25 und 26 übereinstimmen.

Stellen Sie sicher, dass Sie alle Ausführungen Ihres Gegenübers verstehen und fragen Sie nach, falls etwas unklar ist. Bitten Sie Ihren Gesprächspartner, so viel wie möglich mit Beispielen zu unterlegen, die ihre Stärken oder

Schwächen im jeweiligen Bereich benennen und eventuelle Problembereiche aufzeigen können. Bleiben Sie stets unvoreingenommen, und falls Sie eine Einschätzung für ungerecht halten, akzeptieren Sie, dass das deren Ansicht ist, und versuchen Sie nicht, die Person vom Gegenteil zu überzeugen.

Beispiel Peter: Feedback von einem ehemaligen Vorgesetzten

Wie würden Sie mich beschreiben?

- **Positives:** sehr fleißig, pflichtbewusst, perfektionistisch, zuverlässig, fachkundig, belastbar, clever, von unbezahlbarem Wert in einem Team, setzt den Maßstab, erledigt die Arbeit
  Negatives: manchmal ein wenig anstrengend, ernst, hin und wieder streitlustig, gelegentlich unflexibel, schwieriger Projektleiter – was für andere demotivierend sein kann, sehr herausfordernd, möchte die Aufgaben auf eine bestimmte Art erledigt haben.

Worin liegen Ihrer Meinung nach meine Stärken?

- Sie sind sehr detailverliebt. Ich konnte mich stets darauf verlassen, dass Sie Ihre Aufgaben gründlich und gut erledigen und ich nicht nachbessern musste. Das gab mir das Gefühl, dass ich mich auf Sie verlassen kann. Ihre Arbeit an der neuen Internetseite war ausgezeichnet.

In welchen Bereichen sollte ich mich noch verbessern und aus welchem Grund?

- Sie sind sehr hart zu sich selbst. Sie stellen extrem hohe Ansprüche an sich und andere. Das bedeutet jedoch im Umkehrschluss, dass Sie enttäuscht und frustriert sind, wenn etwas nicht nach Plan läuft. Wenn Sie Ihre Gefühle in den Griff bekommen, während Sie mit praktischen Problemen zu kämpfen haben, werden andere Sie als den Problemlöser ansehen, nicht als jemanden, der mit dem Problem überfordert ist - als Beispiel dient hier unser Problem mit dem Web-Entwicklungsunternehmen, als Sie dermaßen frustriert waren, dass wir Sie erst wieder beruhigen mussten.

Haben Sie irgendwelche Ratschläge für mich, was ich tun kann, um meine Karriere weiterzuentwickeln?

- Versuchen Sie das Idealziel zu erreichen, aber behalten Sie immer im Hinterkopf, was die Mindestanforderungen sind. Dadurch geben Sie sich und anderen mehr Handlungsspielraum und fühlen sich nicht so unter Druck gesetzt. Nutzen Sie Worte der positiven Unterstützung, anstatt Druck aufzubauen – sagen Sie den Kollegen z. B., dass sie schon einen großen Teil der Arbeit geschafft haben, anstatt sie darauf hinzuweisen, wie viele Aufgaben noch vor ihnen liegen. Seien Sie überzeugt von den Resultaten Ihrer Arbeit und seien Sie stolz darauf, statt sich über die kleinen Abweichungen von Ihrem Idealziel aufzuregen. Sobald etwas funktioniert hat, ist es in Ordnung.

5. Haben Sie alle Informationen aus Ihren Feedback-Gesprächen zusammengetragen, so können Sie diese sortieren und Ihr Ergebnis hier oder auf einem separaten Blatt zusammenfassen.

Welche positiven Kommentare haben Sie erhalten?

Woran müssen Sie noch arbeiten und wie wollen Sie dies tun?

Gab es irgendwelche Überraschungen?

Hat das Feedback Auswirkungen auf Ihre Sicht oder die Sicht anderer im Hinblick auf Ihr Karrierekapital oder Ihren Arbeitsstil?

Welche anderen Dinge haben Sie durch diese Übung gelernt?

Beispiel Emma

Welche positiven Kommentare haben Sie erhalten?

- Jeder der Befragten beschrieb mich als freundliche, wohlerzogene Person, die charmant ist und mit anderen Menschen gut zurechtkommt. Ebenso, dass ich gut aussehe und sehr professionell bin. Des Weiteren dachten sie, dass ich mein Unternehmen sehr gut nach außen repräsentieren kann.

Woran müssen Sie noch arbeiten und wie wollen Sie dies tun?

- Ich muss bei schwierigen Menschen mehr Durchsetzungsvermögen zeigen. Ich sollte nicht immer jedem alles recht machen wollen, sondern auch lernen, nein zu sagen. Wenn ich in meiner Karriere vorankommen möchte, muss ich mir ein dickeres Fell zulegen. Ich muss mich in der Personalabteilung nach Aufstiegschancen erkundigen.

Gab es irgendwelche Überraschungen?

- Ich habe meine Fähigkeiten im Umgang mit schwierigen Menschen immer für gut gehalten, doch die anderen empfanden dies nicht so und meinten, ich könne nicht gut mit Konflikten umgehen. Ich denke, sie sehen das falsch, allerdings sind relativ viele Befragte dieser Meinung.

Hat das Feedback Auswirkungen auf Ihre Sicht oder die Sicht anderer im Hinblick auf Ihr Karrierekapital oder Ihren Arbeitsstil?

- Im Moment stimmt meine Ansicht nicht mit der der anderen überein. Ich muss erst unter Beweis stellen, dass ich mit Konflikten gut umgehen kann und durchsetzungsstark bin.

Welche anderen Dinge haben Sie durch diese Übung gelernt?

- Es ist nicht genug, sympathisch zu sein. Ich muss Stärke zeigen. Ich muss nach Möglichkeiten suchen, dies zu untermauern.

TIPP Wir werden auf diese Aufgaben erneut zurückgreifen, wenn wir auf Seite 310 Ihre Karrierezusammenfassung erstellen.

In Teil 1 haben wir gesehen, wie wichtig unsere Selbstwahrnehmung in Bezug auf unsere Karriere ist. Nun haben wir unser Selbstbild dem Bild gegenübergestellt, das andere von uns haben. Feedback wird im Laufe Ihrer Karriere wichtig sein, um sicherzustellen, dass Sie auf dem richtigen Weg sind und um Ihnen dabei zu helfen, Ihr Karriereziel schneller zu erreichen. Sie müssen nur fragen!

Sehen wir uns Ihren Arbeitsstil an

In Teil 4 haben wir uns Ihrer Arbeitstechnik gewidmet und uns angesehen, welche Unternehmensart am besten zu Ihnen passt. Außerdem haben Sie sich Feedback von Außenstehenden eingeholt, um Ihr Selbstbild einmal aus anderer Perspektive zu betrachten und mögliche Differenzen zwischen Selbst- und Fremdwahrnehmung aufzudecken.

Dies wird Ihnen beim Festlegen von Karrierezielen helfen und es wird Sie unterstützen, wenn Sie eine berufliche Veränderung möchten.

28 Übung 28: Reflexion zu Teil 4

Sehen Sie sich die folgenden Übungen nochmals an:

- *Übung 24: Selbsteinschätzung (S. 149)*
- *Übung 25: Ihr Persönlichkeitstyp (S. 154)*
- *Übung 26: Was passt zu Ihnen? (S. 157)*
- *Übung 27: 360 Grad (S. 159)*

Nehmen Sie sich nun einen Augenblick Zeit, um sonstige Gedanken, Ideen oder Informationen festzuhalten, die aufgetaucht sind. Denken Sie beispielsweise über folgende Dinge nach.

- *Was hat Ihnen in diesem Abschnitt weitergeholfen?*
- *Welche Gefühle hatten Sie, während Sie an diesem Abschnitt gearbeitet haben?*
- *Anmerkungen, Kommentare*
- *Konkrete Maßnahmen*

Meine Reflexion über meine Persönlichkeit und meine Arbeitstechnik

Maßnahmen

Beispiel Simon

- Die Feedback-Aufgabe hat mich überrascht. Obwohl es einige Dinge gab, die ich bereits über mich wusste, wie z. B. dass ich eine sehr aufgabenorientierte Person bin und einen Job schnell abwickeln kann, habe ich nicht gewusst, dass Außenstehende mich als so rücksichtslos wahrnehmen. Ich habe etwas gegen Dummköpfe, und ich denke, das ist der Grund, warum ich mich immer in relativ aggressiven kommerziellen Unternehmen wohl gefühlt habe. Ich denke, eine eher gemütliche Firma mit vielen Zauderern würde mich verrückt machen. Ich habe einige gute Ratschläge bekommen, wie ich meinen zu autoritären Stil in einen normalen Führungsstil umwandeln kann, insbesondere dann, wenn ich strategische Funktionen übernehmen möchte.

Beispiel: Maßnahmen

1. Die Personalabteilung fragen, ob sie ein Coaching oder Mentoring für mich arrangieren können, damit ich in Bezug auf Mitarbeiterführung kompetenter werde
2. Ich muss im Job aufmerksamer sein, um bessere Beziehungen aufbauen zu können
3. Meine nächster Karriereschritt sollte mich in eine dynamische, kommerzielle Organisation führen

TIPP

Wir werden auf diese Reflexionsübung zurückkommen, wenn wir uns Ihr Karriere Coaching auf S. 314 in Übung 48 erneut ansehen.

Gut gemacht - Sie haben die schwere Arbeit bis hierhin gut gemeistert; wir haben bereits viel erreicht. Sie haben sich Ihre Karriere nun aus jeder Perspektive angesehen, sowohl rückblickend als auch aktuell, intern und extern, unter einem Mikroskop und mit dem 360° Panoramablick. Während unserer Reise haben Sie damit begonnen, Elemente für Ihren Karriere-Maßnahmenplan zu sammeln.

Sie sollten jetzt schon eine gute Orientierung haben und können darauf aufbauen und anfangen, Ihre zukünftige Karriere zu planen.

Optionen und Entscheidungen

Teil 5

Von hier an wird das Karriere Coaching sehr zukunftsorientiert verlaufen. Wir sehen uns Ihre Optionen an und beginnen damit, Entscheidungen zu fällen.

Vielleicht haben Sie schon etliche positive Veränderungen bei sich bemerkt. Vielleicht haben Sie mit Ihrem Chef geredet, sich um persönliche Weiterentwicklungsmaßnahmen gekümmert oder sich für einen neuen Job beworben. Vielleicht hatten Sie auch ein Treffen mit einem Ihrer Geschäftskontakte, das auf ein Vorstellungsgespräch hinauslief, oder Sie haben bereits Zukunftsentscheidungen getroffen.

Egal ob die Veränderungen für Sie schon begonnen haben oder nicht, die Karrierestrategien in diesem Abschnitt werden Ihnen zeigen, wie Sie gute Entscheidungen treffen und Ihre beruflichen Ziele erreichen können.

In diesem Abschnitt werden wir:

- ✓ uns ausmalen, wie Sie Ihre Zukunft am liebsten haben wollen
- ✓ Ihre Karrieremöglichkeiten und Optionen analysieren
- ✓ Jobideen entwickeln
- ✓ Ihre Optionen einem gründlichen Realitätscheck unterwerfen
- ✓ eine Karriereentscheidung fällen

5.1 Werfen Sie einen Blick in die Zukunft

In diesem Kapitel werden wir dafür sorgen, dass Sie ein klares Bild von Ihrem zukünftigen Karriereverlauf bekommen.

Das ist besonders entscheidend, wenn Sie – wie viele Menschen – von Ihrer beruflichen Zukunft nur ein sehr ungenaues Bild haben. Wenn Sie nicht wissen, wonach Sie streben, wie sollen Sie es dann erreichen?

Ich spreche mit vielen Menschen, die in der gleichen Situation sind: Sie haben sich festgefahren, weil sie über die Möglichkeiten da draußen nicht ausreichend Bescheid wissen. Sie sind es leid, die zahllosen Stellenanzeigen zu durchforsten und nach Inspirationen zu suchen, und sind gleichzeitig enttäuscht, weil sie nichts finden. Ihr Lebenslauf ist dementsprechend unkoordiniert, weil sie zu viele Berufe ausprobiert haben, und bei Vorstellungsgesprächen kommen wegen ebendieser Sprunghaftigkeit Fragen über ihre Eignung als Mitarbeiter auf. Der perfekte Job liegt vielleicht direkt vor ihrer Nase, aber sie sehen ihn einfach nicht.

Ihr Fehler war, dass sie die Inspiration bei anderen gesucht haben, obwohl jeder bei der Entscheidungsfindung auf sich selbst hören sollte. Dieses Kapitel wird Ihnen dabei helfen, genau das zu tun.

Übung 29: Ihre Karriere-Wunschliste

29

1. Werfen Sie, bevor Sie diese Übung angehen, noch einmal einen Blick auf die Übungen aus Teil 1, vor allem Übung 6 (S. 58). Schauen Sie sich die Dinge an, die Sie verändern wollten, als wir mit dem Coaching anfingen.

- *Sind diese Karrierewünsche für Sie immer noch aktuell?*
- *Haben Sie neue Prioritäten?*

2. Markieren Sie Ihre aktuellen Karriereprioritäten auf untenstehender Liste. Fügen Sie weitere hinzu, wenn Sie es für nötig halten.
3. Sehen Sie ruhig bei den Karrierewünschen in der Übung 6 „Ich möchte …" nach.

mehr Geld
mehr Verantwortung
mehr Anerkennung
Arbeit mit neuen Kollegen
Beförderung
mehr Interesse am Job
größere Entscheidungsgewalt
intellektuelle Herausforderung
Weiterbildungsmöglichkeiten
weniger Stress
mehr Freizeit
ein höheres Ansehen
etwas in der Welt bewirken
höhere Vergütung
neue Umgebung
mehr Freiheit
Reisen
mehr Vergünstigungen
eine bessere Work-Life-Balance
Abenteuer/höheres Risiko
Sicherheit

mehr Respekt
größere Herausforderungen
mehr Selbstvertrauen
mehr zwischenmenschlicher Kontakt
weniger zwischenmenschlicher Kontakt
größere Vielfalt
Fortschritt/Vorankommen
das Gefühl des „Wachsens"
ein einfacherer Weg zur Arbeit
höhere Flexibilität
Erfahrungen sammeln
das Fachwissen vertiefen
die Arbeitsfähigkeit verbessern
ein eigenes Unternehmen gründen
Kreativität nutzen
unternehmerische Fähigkeiten einsetzen
weniger Wochenstunden
mehr Anerkennung

verbesserte Beziehungen
Branchenwechsel
die Kinder öfter sehen
Umschulung auf einen neuen Bereich
absichern, dass meine Fähigkeiten gefragt sind
nicht mehr so viel arbeiten
weniger Druck
auf meine Stärken setzen
echt gut in meinem Job sein
beweisen, dass ich es schaffen kann
einen neuen Job nach der Kündigung finden
nach einer Karrierepause in meinen Job zurückkehren
die Rechnungen zahlen
stolz sein

Visualisierungen nutzen

Wir werden jetzt die Karriere-Wunschliste dazu verwenden, Ihren idealen Beruf zu visualisieren. Erinnern Sie sich an das Bild, das Sie in Kapitel 2 gezeichnet haben, auf dem Sie Ihre Welt darstellen sollten, so wie Sie sie in diesem Moment sahen?

Visualisierungen sind hilfreich, weil sie einerseits wichtige Informationen aus Ihrer Psyche zum Vorschein bringen, die vorher versteckt oder unausgesprochen waren, und andererseits dabei helfen können, Ihre Zukunft auszugestalten.

Avy Joseph, City Minds London: „Wenn Sie sich Ihr Ziel so veranschaulichen, als wäre es schon längst Wirklichkeit geworden, werden motivierende Gefühle freigesetzt. Das hilft uns, uns auf das Resultat zu konzentrieren, und wird so zum Magnet, der uns zu unserem Ziel zieht."

Wie können Sie das tun? Wenn Sie sich eine Situation ausmalen und überlegen, wie Sie handeln würden, kann sie Wirklichkeit werden. Wenn Sie sich vorstellen, wie Sie sich unter bestimmten Umständen verhalten würden, ist das wie die Probe für ein Theaterstück. Mental sind Sie schon dort angekommen. Sie wissen, was zu tun ist, und – was viel wichtiger ist – beginnen so zu handeln, als wären Sie schon angekommen. Ihr Verstand folgt den Pfaden der Nervenbahnen, die Sie durch die Visualisierung schon festgesetzt haben.

Jonas: „Ich nutze Visualisierungen, bevor ich in ein Netzwerk-Meeting gehe. Sie führen mir vor Augen, wie ich mich in Bestform verhalte und was ich zu erreichen versuche."

Beim Karriere Coaching haben kreative Visualisierungen viele Vorteile. Wenn Sie ein genaues Bild von dem Zustand haben, den Sie erreichen wollen, fällt es Ihnen auch leichter, das anderen gegenüber zu veranschaulichen. Alleine diese Tatsache kann den Unterschied ausmachen zwischen der Verwirklichung Ihrer Ziele oder dem Verharren in Ihrer momentanen Position.

Positive Visualisierungen können auch als Vorbereitung auf schwierige Situationen wie Vorstellungsgespräche, Netzwerk-Meetings, Präsentationen oder ein schwieriges Gespräch mit dem Chef dienen. Ihre psychische Haltung kann die Interaktionen mit Kollegen enorm beeinflussen.

In der folgenden Übung sollen Sie sich das Wunschbild Ihrer idealen Karriere ausmalen, das Ihre Hoffnungen, Bedürfnisse und Erwartungen enthält und als Orientierungspunkt für zukünftige Entscheidungen dienen kann.

30

Übung 30: Visualisieren Sie Ihre Zukunft

1. Lesen Sie sich zunächst die Anweisungen gründlich durch. Schließen Sie dann Ihre Augen und versuchen Sie, die Welt um sich herum mit all ihren Ablenkungen auszublenden. Sie sollten mindestens 20 Minuten auf diese Übung verwenden.
2. Denken Sie nun an Ihre Wunschliste aus Übung 29 zurück. Stellen Sie sich jetzt einen perfekten Arbeitstag vor. Visualisieren Sie den ganzen Tag ab dem Moment, an dem Sie aufstehen, bis hin zu der Sekunde, in der Sie Ihren Kopf wieder auf Ihr Kissen betten. Vielleicht können Sie die folgenden Details unterbringen:

- *Wie fühlen Sie sich, wenn Sie aufwachen? Wie sieht Ihr Frühstück aus? Ist morgens jemand um Sie oder sind Sie allein? Was ziehen Sie an? Wie kommen Sie zur Arbeit und wie sieht der Weg dorthin aus?*

- *Welche Aufgaben haben Sie auf der Arbeit zu erledigen? Wie sehen Ihre Interaktionen mit Kollegen aus? Welche Erfolge hatten Sie am Morgen? Was tun Sie in Ihrer Mittagspause? Was tun Sie am Nachmittag?*
- *Was tun Sie nach der Arbeit? Wie sieht Ihr Heimweg aus? Was passiert, wenn Sie zuhause sind?*

3. Bauen Sie alles, was Sie an Ihrem perfekten Tag sehen, hören, riechen und fühlen ein. Tauchen Sie in Gedanken ganz in Ihre Vorstellung ein und erfreuen Sie sich an jedem Detail. Dieses Traumbild zeigt Sie in positivem Licht und in Bestform.
4. Hat sich das nicht toll angefühlt? Machen Sie nun Ihre Vorstellung greifbar und zeichnen Sie auf Seite ... ein Bild von den Schlüsselszenen, die Sie sich geistig vorgestellt haben und den Emotionen, die Sie dabei gefühlt haben. Denken Sie daran, dass Ihre Zeichenkunst dabei keine Rolle spielt. Versuchen Sie, Farben zu verwenden und Ihrer Kreativität freien Lauf zu lassen. Wenn es sein muss, können Sie einzelne Wörter einbauen.

Ihr Bild

Über Ihr Bild

Orientieren Sie sich an Ihrer Visualisierung und Ihren Bildern, um Folgendes herauszufinden.

- *Was sind für Sie die wichtigsten Elemente Ihrer Karrierevision?*
- *Was tun Sie?*
- *Welche Gefühle spielen dabei eine Rolle?*
- *Wer ist außer Ihnen auf dem Bild und wie sieht Ihre Beziehung zu dieser Person oder diesen Personen aus?*
- *In welchen Punkten unterscheidet sich die Vision deutlich von Ihrer jetzigen Situation?*
- *Welche Maßnahmen können Sie ergreifen, um Ihre Vorstellung Wirklichkeit werden zu lassen?*

Beispiel von Jonas

Was sind für Sie die wichtigsten Elemente Ihrer Karrierevision?

- Es sah so aus, als hätte ich viel zu tun, war aber dennoch entspannt und es fühlte sich so an, als hätte ich die Arbeit unter Kontrolle. Ich teilte die Arbeit zwischen meinem Heim und dem Büro auf – so konnte ich die Hauptverkehrszeit meiden. Ich wurde nicht dauernd bei allem unterbrochen, so wie es jetzt häufig passiert.

Was tun Sie?

- Ich habe mich mit Kunden und Zulieferern getroffen, anstatt nur vor dem Computerbildschirm zu sitzen.

Welche Gefühle spielen dabei eine Rolle?

- Habe die Gelassenheit und Ruhe gespürt, es gab keine Scherereien mit dem Chef, und auch der stressige Pendelverkehr fiel weg.

Wer ist außer Ihnen auf dem Bild und wie sieht Ihre Beziehung zu dieser Person oder diesen Personen aus?

- Es gab kurze Sequenzen, in denen ich von meinem Chef unterbrochen wurde, die mich verärgerten, aber dann bin ich wieder zur Ruhe gekommen. Habe mit Kunden geredet.

In welchen Punkten unterscheidet sich die Vision deutlich von Ihrer jetzigen Situation?

- Bequemerer Arbeitsweg oder Gleitzeit.
- Konnte meine Aufgaben ohne Unterbrechungen erledigen.
- Das Vertrauen, das mir meine Firma entgegen bringt, da ich sie vor Kunden repräsentieren darf.

Welche Maßnahmen können Sie ergreifen, um Ihre Vorstellung Wirklichkeit werden zu lassen?

- Könnte mit meinem Chef über flexible Anfangszeiten reden.

▶▶

- Muss mich effektiver um Unterbrechungen kümmern und diese abschaffen.
- Einen neuen Arbeitsplatz finden, der näher an zu Hause ist oder gleich einen Job, den ich ganz von zu Hause aus ausüben kann.
- Mich freiwillig für Ausstellungen und Handelsmessen melden.

Es ist wirklich wichtig für Sie, dass Sie an dieser Vision festhalten und sie regelmäßig in Ihrem Kopf abspielen, sodass Sie immer aktuell und positiv bleibt. Je öfter Sie sie durchspielen, desto schärfer wird die Vision werden. Sie hilft Ihnen dabei, konzentriert und motiviert zu arbeiten – vor allem, wenn harte Zeiten anstehen.

TIPP

Wenn Sie das Bild leicht abrufen können, fällt es Ihnen auch leichter, Ihre Ziele anderen zu schildern.

5.2 Welche Optionen haben Sie?

Jetzt da Sie ein klares Bild von Ihrer Zukunft haben, müssen wir damit anfangen, praktisch zu denken.

In diesem Kapitel werden wir uns die Optionen ansehen, die Sie haben, um den besten Weg zu Ihrer Wunschkarriere zu finden.

Die gute Nachricht ist, dass jeder Optionen hat! Manche davon sind direkt vor Ihrer Nase, andere in weiter Ferne. Manche können Sie gleich anpacken, bei anderen werden Sie sich Stück für Stück vorarbeiten müssen. Wie auch immer Ihre Karriere im Moment läuft, welche Probleme Sie haben oder wie Ihre Umstände aussehen, Sie haben trotzdem eine Vielzahl an Auswahlmöglichkeiten.

Kurz gesagt haben Sie folgende Optionen:

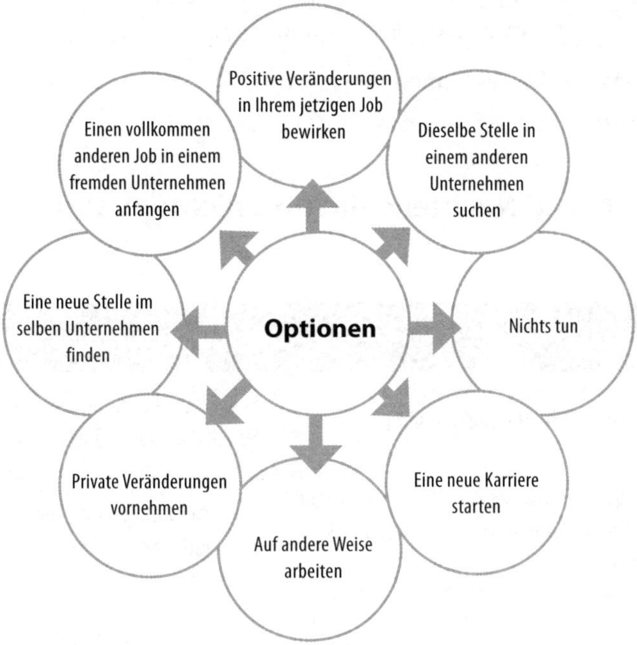

Schauen wir uns jede Option genauer an:

Nichts tun

Heike: „Ich mag meinen Job wirklich nicht. Ich habe sonntags ein flaues Gefühl im Magen, wenn ich nur daran denke, dass ich am nächsten Tag wieder zur Arbeit muss, und ich warte den größten Teil der Woche nur auf das Wochenende. Aber so ist das nun einmal, wenn man arbeitet, oder nicht? Woanders wäre es auch nicht besser – nicht bei der momentanen Arbeitsmarktlage."

Natürlich ist das eine Möglichkeit. Die Tatsache, dass Sie dieses Buch gekauft haben, besagt aber, dass Sie etwas verändern möchten, und deswegen ist nichts zu tun vermutlich nicht Ihre bevorzugte Option.

Nichtsdestotrotz steht Ihnen diese Möglichkeit immer offen. Schauen wir uns die Vor- und Nachteil an:

Vor- und Nachteile davon, „nichts zu tun"

Vorteile	Nachteile
Es kostet keinerlei Anstrengung.	Es kostet Sie eventuell viel Zeit und Mühe, den Status Quo beizubehalten
Sie gehen nicht das Risiko ein, den falschen Zeitpunkt für eine Veränderung zu erwischen.	Sie verschwenden Ihre Lebenszeit mit einer Tätigkeit, die Sie nicht erfüllt
Sie gehen nicht das Risiko ein, Menschen in Ihrer Umgebung zu verärgern, die vielleicht keine Veränderung wollen.	Sie belasten Ihre Umgebung durch Ihre Unzufriedenheit
Die Dinge könnten sich von alleine ändern.	Es könnte riskant sein, da zu bleiben, wo Sie im Moment sind
Sie gehen nicht das Risiko ein, sich finanziell zu verschlechtern.	Ihre Finanzen können sich nicht positiv entwickeln
Ihr geringes Selbstwertgefühl sagt Ihnen, dass alles Ihre Schuld ist und Sie es nicht besser verdient haben.	Der dauernde Stress mindert Ihr Wohlbefinden und kann Sie auch krank machen
Sie vermeiden das Risiko eines Misserfolges	Wenn Sie nichts tun, können andere die Chancen ergreifen, die Sie verstreichen lassen

Falls Sie doch zu dieser Option tendieren, werfen Sie doch noch einmal einen Blick auf Teil 2. Sind die positiven Dinge, die Ihnen in beruflicher Hinsicht passiert sind, nur das Resultat von Zufällen und Ihnen einfach so in den Schoss gefallen, oder haben Sie nicht doch das meiste selbst bewirkt?

Manches spricht dafür, nichts zu tun. Wenn Sie geduldig abwarten, kann es sein, dass die unwahrscheinliche Beförderung schließlich doch noch stattfindet, oder die drohenden Entlassungen nicht vollzogen werden. Obwohl viele Menschen das Nichtstun als sicherste Option ansehen, ist es in der Tat die risikoreichste, weil sie Ihre Möglichkeiten einschränkt

■ Kümmern Sie sich um positive Veränderungen an Ihrem jetzigen Arbeitsplatz

Dies ist eine Möglichkeit, die oft übersehen wird. Hauptsächlich, weil die meisten Menschen Angst davor haben, bei ihrem jetzigen Arbeitgeber für Unruhe zu sorgen. Allerdings gibt es viele Wege, wie Sie Ihren jetzigen Job verbessern oder modifizieren können, sodass er mehr Ihren Wünschen und Bedürfnissen entspricht – und oft können kleine Veränderungen einen großen Unterschied ausmachen. Sie könnten z.B. folgende Dinge tun:

- *reden Sie mit Ihrem Abteilungsleiter und/oder der Personalabteilung über Karrieremöglichkeiten*
- *fragen Sie nach Möglichkeiten, Ihre Fähigkeiten zu erweitern*
- *verhandeln Sie über einer Gehaltserhöhung*
- *stellen Sie sicher, dass Sie Anerkennung und Bestätigung für Ihre Arbeit erhalten*
- *reden Sie mit Ihrem Chef, falls Ihnen die Arbeitslast zu viel wird*
- *seien Sie Ihrem Chef/Ihren Kollegen gegenüber bestimmter*
- *teilen Sie Ihre Zeit effizienter ein*

- *schreiben Sie einen Blog, organisieren Sie eine Veranstaltung oder machen Sie bei einer Projektgruppe mit – sorgen Sie also für neuen Input*
- *verbringen Sie mehr Zeit in anderen Abteilungen*
- *nehmen Sie an internen Fortbildungen teil oder bilden Sie andere aus*
- *übernehmen Sie Verantwortung für Ihre Work-Life-Balance*
- *fragen Sie nach einem Coach oder einem Mentor – oder seien Sie der Mentor für jemand anderen.*

Merken Sie sich, dass motivierte und engagierte Mitarbeiter im direkten Interesse des Arbeitgebers liegen, weil diese so bessere Arbeit leisten. Gute Mitarbeiter sind schwer zu finden, und es ist auch teuer, sie zu rekrutieren und einzuarbeiten, deswegen ist es allein schon aus finanzieller Sicht sinnvoll, bestehende Mitarbeiter weiterzubilden.

Katrin: „Ich habe meine Vorgesetzte gefragt, wie ich meine Beförderungsaussichten steigern könnte, und sie hat mich enorm unterstützt und vorgeschlagen, ich solle mir Wissen zum Thema Budgetierung aneignen. Also haben wir uns darauf geeinigt, dass ich einen Nachmittag pro Woche in der Finanzabteilung verbringen sollte. Inzwischen bin ich für die Monatsabrechnung zuständig und fühle mich selbstsicherer. Meine Vorgesetzte hat mir auch noch weitere Aufgaben übertragen, seit sie weiß, dass ich in meiner Karriere voranschreiten will."

Wenn Sie allerdings nach einer Fortbildung fragen, die Geld oder andere Ressourcen kostet, zeigen Sie Ihrem Chef unbedingt auf, wie das Unternehmen dadurch profitieren kann. Es ist z.B. sehr unwahrscheinlich, dass Ihre Firma eine teure Management-Fortbildung finanzieren wird, wenn diese für Ihren Job nicht wichtig ist oder Ihr Chef befürchtet, Sie würden die Firma verlassen, sobald Sie den Kurs beendet haben. Das Unternehmen will immer Erfolge für seine Investitionen sehen.

Nehmen Sie andere Möglichkeiten in Ihrem Unternehmen wahr

Sehen Sie sich aktiv nach Beförderungsmöglichkeiten innerhalb Ihres Unternehmens um. Vielleicht ein Wechsel in eine andere Abteilung? Wenn Sie überlastet sind, versuchen Sie, Ihre Verpflichtungen neu aufzuteilen oder einige davon abzugeben. So müssen Sie nicht gleich die Firma wechseln.

Tim: „Ich hatte meinen Job als Abteilungsleiter im Einzelhandel satt und dachte über einen Karrierewechsel nach. Als die Stelle als Ausbilder in unserer Hauptniederlassung frei wurde, habe ich alle Hebel in Bewegung gesetzt, um diesen Job zu bekommen. Ich habe meine Motivation jetzt wieder gefunden."

- *Vertrautheit mit dem Unternehmen bedeutet, dass ein interner Wechsel verglichen mit einem Wechsel in eine fremde Firma relativ risikoarm ist.*
- *Ihre Betriebskontinuität und Ihre Rentenansprüche bleiben erhalten.*
- *Sie verfügen bereits über Beziehungen zu Kollegen, die Ihnen helfen können.*
- *Sie können genau in Erfahrung bringen, was der zukünftige Job umfasst, bevor Sie ihn annehmen.*
- *Es macht sich gut in Ihrem Lebenslauf, wenn Ihnen innerhalb eines Unternehmens verschiedene Anstellungen anvertraut wurden, besonders wenn es sich um Beförderungen handelt.*
- *Sie können neue Dinge ausprobieren und Ihre Fähigkeiten weiterentwickeln - alles in Ihrer gewohnten Umgebung.*

- *Wenn Sie schon lange in einem Unternehmen sind, kann ein Wechsel in eine andere Abteilung Ihre Beschäftigungsfähigkeit erhöhen.*
- *Ein Wechsel innerhalb des Unternehmens kann für Sie auch ein Sprungbrett in eine neue Firma sein.*

TIPP

Wenn Sie sich überlegen, den Job zu wechseln, prüfen Sie zuerst die Möglichkeiten, sich firmenintern zu verändern. Zu oft reichen Angestellte ihre Kündigung ein, ohne auch nur darüber nachzudenken, wie es für sie weitergehen soll.

Suchen Sie nach einer neuen Anstellung außerhalb Ihres Unternehmens

Es gibt viele gute Gründe dafür, außerhalb Ihres Unternehmens nach einer neuen Stelle zu suchen:

- *drohende Entlassungen*
- *zu wenig Aufstiegsmöglichkeiten*
- *schwierige Beziehung zu den Arbeitskollegen*
- *Langeweile oder Ernüchterung*
- *der Anreiz einer neuen Herausforderung*
- *Unterbezahlung*
- *der Wunsch, andere Fähigkeiten und neues Fachwissen anzuwenden*
- *fehlende Anerkennung oder Unterforderung*
- *Überarbeitung*
- *schlechtes Management*
- *der Wunsch, eine neue Karriererichtung einzuschlagen*

- *Veränderungen der persönlichen Umstände*

Sofie: „Ich wanderte von einem Job als Verkäufer zum nächsten und jammerte immer über meinen Beruf und die Leute und war allgemein sehr frustriert, genervt und zynisch im Hinblick auf die Arbeit. Erst als ich die Situation mit Abstand betrachtete und genauer darüber nachdachte, wurde mir klar, dass ich diesen Job und den Druck, der dabei immer herrscht, nicht mochte - obwohl ich schon immer als Verkäufer gearbeitet hatte. Stattdessen fand ich einen Job im Bereich des Kundenbeziehungsmanagements (Customer Relationship Management) und habe mich dort sofort wohlgefühlt und mich seitdem sehr gut entwickelt. Warum wurde mir das nicht eher klar?"

Bevor Sie sich einen neuen Arbeitgeber suchen, müssen Sie sich genau im Klaren sein, was Sie von der neuen Stellung erwarten, damit Sie nicht die alten Probleme mit in ein neues Umfeld nehmen oder in eine Rolle gepresst werden, die nicht zu Ihnen passt.

Wenn Sie schon einige unglückliche Arbeitserfahrungen gehabt haben, sollten Sie ehrlich prüfen, ob Sie daran eine Mitschuld haben. Schlechte Erfahrungen können das Ergebnis von falschen Entscheidungen oder zu hohen Erwartungen sein, oder es kann daran liegen, dass Sie an Ihren zwischenmenschlichen Fähigkeiten arbeiten müssen.

In jedem Fall ist es besser, dieses Problem gleich zu beheben anstatt zu hoffen, dass es im nächsten Job von alleine besser wird – wahrscheinlich trifft das nicht zu. Wenn Sie z.B. mit einem Karrierecoach oder einem Berater an Ihrer persönlichen Weiterentwicklung arbeiten, kann das von größerer Hilfe sein als ein Berufswechsel.

Arbeiten Sie auf andere Weise

Womöglich wollen Sie Ihre Schlüsselfähigkeiten, Ihre Erfahrungen und Ihr Wissen weiterhin anwenden, müssen das aber auf eine andere Weise tun. Optionen hierfür sind z.B.:

- *Änderung Ihrer Arbeitszeiten*
- *Teilzeitarbeit*
- *Ausübung eines sogenannten Portfolio-Berufes: Verlegen Sie Ihre berufliche Existenz auf mehrere Standbeine, indem Sie sich frei- oder nebenberuflich neue Betätigungsfelder erschließen*
- *Ehrenamtliche Tätigkeiten*
- *Arbeit und Studium verbinden*
- *ein Home Office einrichten*
- *auf Projekt- oder Honorarbasis arbeiten*

Wenn Sie Veränderungen an Ihrer Arbeitsweise vornehmen wollen, müssen Sie sicherstellen, dass das neue Arrangement technisch machbar ist - sowohl für Sie als auch für Ihren Arbeitgeber. So können Sie, wenn Sie beispielsweise ein Job-Sharing anstreben, argumentieren, dass für Urlaubszeiten immer eine Vertretung am Arbeitsplatz ist und nichts liegenbleibt. Ein Arbeitgeber wird einer solchen Veränderung nur dann zustimmen, wenn er für das Unternehmen einen Vorteil sieht.

Eine Portfoliokarriere

Eine Portfoliokarriere zu haben, bedeutet, dass Ihre Arbeitswoche aus verschiedenen Stellen besteht. Ihre Stellen können sich inhaltlich ähneln oder vollkommen verschieden sein. Der Gesetzgeber schreibt vor, was sich kombinieren lässt: So können Sie zu einer Festanstellung noch einen 450-Euro-

Job hinzunehmen oder nebenberuflich auf selbständiger Basis arbeiten. Genauso können Sie eine hauptberufliche Selbständigkeit mit einem 450-Euro-Job kombinieren.

Julia: „Tagsüber arbeite ich als wissenschaftliche Mitarbeiterin. Ich bin aber auch Fitnesstrainerin, Schriftführerin in einem lokalen Verein und organisiere Secondhand Basare für Kleinkinder- und Babyspielzeug."

Ich habe mit vielen Klienten gearbeitet, die interessante Kombinationen ausgeübt haben. Einige waren während ihrer Arbeitswoche als Berater, Verfasser von Fachtexten und ehrenamtlicher Coach tätig und haben sich für Vorträge buchen lassen. Andere haben einen Job, den sie tagsüber, und einen aus einer total anderen Branche, den sie abends und am Wochenende ausüben. Es gab z.B. einen Klient, der im Multitasking so geübt war, dass er während seiner Arbeitswoche im Vertrieb arbeitete, seine eigene erfolgreiche E-Commerce Seite führte und zusätzlich regelmäßig vielversprechende Immobiliensanierungsprojekte übernahm.

Portfoliokarrieren sind eine perfekte Wahl für Menschen, die:

- *es lieben, viel Abwechslung in ihrem Berufsleben zu haben*
- *nicht von einem Arbeitgeber abhängig sein wollen*
- *Teilzeit arbeiten wollen und Flexibilität brauchen, wie z.B. Mütter, die in die Arbeitswelt zurückkehren*
- *nicht an einer Karriere in einem Unternehmen interessiert sind, wie z.B. Menschen, die nach Eintritt in die Rente noch weiterarbeiten wollen*

- *diese Möglichkeit als ersten Schritt in ein neues Berufsfeld sehen oder sich selbstständig machen wollen*
- *keinen Job finden, der alle ihre speziellen Interessen und Fähigkeiten in sich vereint*

Allerdings verlangen Portfoliokarrieren ein hohes Maß an Organisation. Es kann schwierig werden, Termine zu koordinieren, und jeder Arbeitgeber wird darauf bestehen, dass Sie ihm Ihre volle Aufmerksamkeit, sowie Zeit und Leistung schenken. Um erfolgreich so arbeiten zu können, müssen Sie jedem Job klare Grenzen setzen. Wenn Sie z.B. bei einem Job stundenweise bezahlt werden, müssen Sie sicherstellen, dass Sie währenddessen nicht für einen anderen Job am Telefon hängen. Nur Menschen, die gut mit mehreren Dingen jonglieren können, sind für eine Portfoliokarriere geeignet.

Zeitarbeit und Interimsmanagement

Eine weitere berufliche Alternative ist die Zeitarbeit. Die Branche der Personaldienstleister als moderne Dienstleistungsbranche hat sich in Deutschland etabliert und sich insbesondere seit den neunziger Jahren zu einer festen Größe auf dem Arbeitsmarkt entwickelt.

Wenn Sie daran interessiert sind, für ein bestimmtes Unternehmen zu arbeiten, aber darum kämpfen müssen, ins Unternehmen zu kommen, kann Zeitarbeit eine Möglichkeit sein, den Fuß in die Tür zu bekommen. Ich habe viele Absolventen beraten, die anhand von Zeitarbeit erfolgreich in ein Unternehmen gekommen sind und am Ende einen festen Job in der Tasche hatten.

Vorübergehend in einem Job zu arbeiten, verschafft Ihnen auch wertvolle Erfahrung, die Sie bei Ihrer nächsten Bewerbung für eine Dauerbeschäftigung nutzen können.

Arbeitsplätze im Interimsmanagement werden in erster Linie von hochrangigen Führungskräften besetzt. Sie kommen in ein Unternehmen, um eine spezielle Aufgabe zu erfüllen, zu sanieren oder einen Mitarbeiter, der vorübergehend ausfällt, zu ersetzen. Beispielsweise kann ein Organisationsberater für die Unternehmensentwicklung ein Programm zum Thema Change Management erarbeiten oder ein Finanzberater füllt eine Vakanz während eines Mutterschaftsurlaubes.

Interimsmanagement sollten Sie in Erwägung ziehen, wenn Sie in verschiedenen Umgebungen und Unternehmen arbeiten wollen. Interimsmanagement erfolgt als freiberufliche Tätigkeit oder im Rahmen von Zeitarbeit. Viele professionelle Interimsstellen werden höher bezahlt als die gleichwertigen Dauerbeschäftigungen, aber eben nur vorübergehend.

TIPP

Die kurzzeitige und auftragsorientierte Interimsarbeit ist hervorragend für zielorientierte und entsprechend qualifizierte Menschen geeignet, die sofort zu Beginn ihrer Tätigkeit voll einsatzfähig sind und keine Einarbeitungsphase benötigen.

Viele Menschen mögen die Vielfalt und Flexibilität der Interimsarbeit oder Zeitarbeit und haben sich erfolgreiche, gut bezahlte Karrieren erarbeitet.

Erfinden Sie Ihre Karriere neu

Es ist höchst unwahrscheinlich, dass Ihr erster Job auch gleichzeitig der ist, den Sie bis zur Rente ausüben. Die meisten Menschen haben während ihres Lebens mehrere Berufswechsel. Manchmal entwickelt sich ein Berufswechsel vollkommen natürlich, wenn sich Ihre Interessen verschieben und Sie einen anderen Job finden, in dem Sie diese besser ausleben können. Manchmal sind es jedoch Entlassung, Gesundheitsrisiken, ein weiteres Kind, ein runder Geburtstag oder Veränderungen der persönlichen Umstände, die Sie dazu bringen, erneut zu überdenken, was Sie für den Rest Ihres Lebens machen wollen.

Eine Neuerfindung Ihrer Karriere kann viele Formen annehmen:

- *die Spezialisierung innerhalb eines Berufsfeldes*
- *die Verbreiterung Ihres Fachwissens, sodass Sie in verschiedenen Bereichen einsetzbar sind*
- *die Arbeit als Ausbilder, Coach oder Berater innerhalb Ihrer Branche*
- *über Ihre Branche zu schreiben oder für spezielle Körperschaften wie z.B. eine Gewerkschaft arbeiten*
- *Ihre übertragbaren Fähigkeiten in einer neuen Stelle oder einer anderen Branche anzuwenden*
- *eine Umschulung auf einen anderen Beruf oder eine andere Branche*
- *die Erschließung eines völlig neuen Aufgabenbereiches, der Sie interessiert, wie karitative Arbeit*
- *ein Hobby zum Beruf machen wie z.B. Gartengestaltung*

Wie leicht es Ihnen fallen wird, Ihre Karriere neu zu erfinden, hängt davon ab, wie ähnlich die neue Stelle denen ist, in denen Sie vorher schon gearbeitet haben. Falls Sie noch nicht die erforderliche Qualifikation für Ihren

Wunschjob haben, gibt es vielleicht Jobs, in denen Sie das erforderliche Handwerkszeug erlernen können, um dann im Laufe der Zeit ihrem Ziel immer näher zu kommen.

Berufswechsel sind besonders dann eine Herausforderung, wenn sie mit Umschulungen oder Einkommenseinbußen einhergehen. In so einem Fall müssen Sie genau überlegen, ob das finanziell für Sie tragbar ist und wie wahrscheinlich es ist, dass Sie als reifer Neueinsteiger in der Branche eine Chance auf einen Arbeitsplatz haben. Laut SÖSTRA-Studie haben es trotz des Anti-Diskriminierungs-Gesetzes Bewerber ab 50, manchmal bereits ab 45, schwer, sich beim Auswahlverfahren gegen jüngere Mitbewerber durchzusetzen. Allerdings gibt es einige Berufsfelder, bei denen Lebenserfahrung als Vorteil angesehen wird wie z.B. Coaching, Beratung und Ausbildung.

Berufliche Selbstständigkeit

Vielleicht gefällt Ihnen die Möglichkeit einer beruflichen Selbständigkeit. Je nach Branche gibt es verschiedene Arten der Selbständigkeit, von der Arbeit als Freiberufler, der anderen eine Dienstleistung anbietet, bis hin zu der Möglichkeit, ein Unternehmen von Grund auf neu aufzubauen. Hier sind ein paar Ideen:

- *Arbeiten Sie als Einzelhändler, verkaufen und liefern Sie Ihre Dienstleistung direkt an potentielle Kunden oder arbeiten Sie als Sub-Unternehmer für andere Firmen.*
- *Gründen Sie einen Betrieb, der eine Dienstleistung oder ein bestimmtes Produkt vertreibt.*
- *Übernehmen Sie ein bereits bestehendes Unternehmen.*
- *Werden Sie Franchisenehmer und führen Sie Ihren eigenen Betrieb unter dem Dach einer bereits etablierten Marke.*

TIPP

Für nähere Informationen zur Unternehmensgründung, besuchen Sie www.existenzgruender.de

Auch die Bundesagentur für Arbeit hält Informationen für Existenzgründer bereit.

Berufliche Selbstständigkeit kann sehr lohnend sein. Allerdings bringt jedes unternehmerische Vorhaben gewisse Herausforderungen mit sich, die sich von denen unterscheiden, die man als Arbeitnehmer hat.

Obwohl ein eigenes Unternehmen viel mehr Freiheit für Sie bedeutet, ist es risikoreicher, übt mehr Druck auf Sie aus und wird Sie wahrscheinlich häufig in Bereiche führen, die außerhalb Ihrer Wohlfühlzone liegen. Egal welches Fachwissen Sie mitbringen, Sie werden z.B. unweigerlich mit dem Verkauf zu tun haben. Kein Produkt und keine Dienstleistung verkauft sich von alleine. Wenn Sie keine Erfahrungen im Verkauf haben, kann die Aneignung dieser Fähigkeiten ein langwieriger Lernprozess sein. Des Weiteren müssen Sie Dinge erledigen, die bisher andere für Sie übernommen haben: Buchhaltung, Abrechnung, Steuer, IT Systeme, Vermarktung, Gebäudeverwaltung, Rechtliches... die Liste ließe sich endlos weiterführen!

Allerdings wollen viele (mich eingeschlossen!) nie den Schritt zurück in ein Angestelltenverhältnis machen, wenn sie einmal als Selbständige Fuß gefasst haben.

Auf Seite 319 finden Sie einige Quellen, falls Sie mehr über Selbstständigkeit herausfinden wollen.

■ Nehmen Sie Veränderungen in anderen Bereichen vor

Wie wir bereits gesehen haben, lässt sich Ihre Karriere nicht isoliert vom Rest ihres Lebens betrachten. Es kann also sein, dass Sie Veränderungen außerhalb Ihres Arbeitsplatzes vornehmen können, die Ihre Karriere positiv beeinflussen.
Zum Beispiel:

- *Veränderungen bei der Kinderbetreuung, sodass sie besser ins Zeitgefüge passt*
- *mehr Unterstützung durch Ihren Partner*
- *ein kreatives Hobby aufnehmen, um neben der Arbeit einen künstlerischen Ausgleich zu schaffen*
- *früher von zuhause losfahren, sodass Sie den Hauptverkehr meiden*

Vielleicht erinnern Sie sich noch, dass wir uns in Kapitel 3, als es um die Work-Life-Balance ging, einige dieser Möglichkeiten schon angesehen haben. Ihre Antworten aus Übung 3 (S.40) bilden eines Ihrer Karriereziele in Ihrem Karriere-Maßnahmenplan (S. 304).

Ihnen steht eine Vielzahl von Möglichkeiten offen. Halten wir als nächstes diejenigen fest, die für Sie am attraktivsten sind:

Übung 31: Interessante Möglichkeiten

31

1. Denken Sie an Ihre Karriere-Wunschliste (Übung 29, S. 173) und das Bild, das Ihren zukünftigen Karrierewunsch darstellt (Übung 30, S. 176) zurück.
2. Überdenken Sie all die Möglichkeiten, die Ihnen in diesem Kapitel aufgezeigt wurden, und fügen Sie weitere hinzu, wenn Sie diese für

wichtig halten. Wo sehen Sie die beste Chance, Ihre Karrierevision zu erreichen?

3. Gibt es Optionen, die als Sprungbrett geeignet sind, um Sie Stück für Stück Ihrem Ziel näher zu bringen, auch wenn Sie dadurch nicht gleich ganz zu Ihrem Traumjob gelangen?
4. Gibt es für Sie Aufstiegsmöglichkeiten in Ihrem jetzigen Unternehmen?

Schreiben Sie Ihre Antworten hier unten auf:

■ Möglichkeiten und Optionen

Beispiel von Miriam

„Ich bin definitiv auf der Suche nach einer neuen Stelle außerhalb meines jetzigen Unternehmens. Ich bin mir noch nicht sicher, ob sie mit meiner jetzigen Tätigkeit verwandt sein soll oder ob ich eher in Richtung Projektarbeit gehen möchte. Bin auch an Portfolioarbeit interessiert und daran, vielleicht mein eigenes Unternehmen zu gründen.

Ich könnte versuchen, mich an Projektgruppen zu beteiligen, sodass meine Erfahrung in diesem Bereich wächst. Das würde mir definitiv helfen, wenn ich mich zukünftig eher auf diesen Bereich konzentrieren will. Ich kann mit meinem Abteilungsleiter darüber reden und dabei gleich einen guten, engagierten Eindruck hinterlassen.

Bin daran interessiert, eine Stelle anzunehmen, die mehr in Richtung Projektmanagement geht. Ich will auf jeden Fall eine Stellung, die eine Verbesserung zu meinem jetzigen Job darstellt – also könnte ich in der Branche bleiben, aber auf höherem Level suchen. Interessiere mich auch für Interimsarbeit – obwohl ich mir noch nicht sicher bin, ob ich dafür schon bereit bin."

In diesem Kapitel haben wir etliche Möglichkeiten, die Ihnen offenstehen, abgedeckt. Viele davon können Sie auf dem Weg zu Ihrem nächsten Karriereziel voranbringen.

Wenn Sie an diesem Punkt schon ein klares Bild davon haben, wie Ihr nächster Arbeitsplatz aussehen soll, können Sie *direkt zu Kapitel 17* weiterblättern, um diese Vorstellung einem Realitätscheck zu unterwerfen.

Wenn Sie sich allerdings noch nicht sicher sind, welchen Job Sie wollen – vielleicht weil Sie immer noch eine Neuerfindung Ihrer Karriere in Erwägung ziehen – hilft Ihnen das nächste Kapitel dabei, viele Ideen zu entwickeln und zu bedenken.

5.3 Ideenfindung

Wir haben uns bereits detailliert Ihr Karrierekapital und Ihren Arbeitsstil angesehen, daher haben Sie vermutlich eine Idee davon, worin Sie gut sind, was Ihnen Spaß macht und wie Sie arbeiten wollen. Wir haben ebenfalls einen Blick auf die vielen Möglichkeiten geworfen, die Sie in Erwägung ziehen sollten. Eine davon war, den Job zu wechseln.

Dieses Kapitel soll Ihnen bei der Suche nach einer neuen Stelle helfen, egal ob Sie innerhalb Ihrer Branche eine neue Funktion einnehmen oder gleich die Branche wechseln wollen. Wir werden Ideen entwickeln, wie und wo Sie nach Ihrem neuen Job suchen können.

TIPP

Die Ideenfindung kann eine Weile dauern, genießen Sie also die Recherche und nutzen Sie diese Möglichkeit dazu, Bereiche zu erforschen, die Sie vorher noch nicht in Erwägung gezogen haben.

Informationsquellen zum Thema Karrierebereiche

Um einen Überblick zu gewinnen, bieten sich die Seiten der Bundesagentur für Arbeit an: *www.arbeitsagentur.de*
Zum einen steht Ihnen dort die Jobbörse zur Verfügung, in der Sie nach Jobs in Ihrer Branche oder Region suchen können.
Suchen Sie sich die heraus, die für Sie von Interesse sind, und finden Sie dann detaillierte Informationen über die unterschiedlichen Stellen in diesen Bereichen heraus.

Im Berufenet der Bundesagentur finden Sie zum anderen detaillierte Beschreibungen aller Ausbildungsberufe und Berufsbilder, die durch Weiterbildungen zugänglich sind, außerdem ein Verzeichnis aller Anbieter von Weiterbildungskursen.

TIPP Versteifen Sie sich nicht auf Stellenbezeichnungen, da diese extrem variieren können. Konzentrieren Sie sich auf die Hauptaufgaben der Stelle und den Unternehmenstyp oder die Branche.

Interessante Organisationen

Wenn es eine bestimmte Organisation oder einen Unternehmenstyp gibt, der Ihnen besonders zusagt, wie z.B. Unternehmensberatungen oder eine Non-Profit-Organisation, besuchen Sie die Webseite des Unternehmens und finden Sie mehr darüber heraus, welche Stellen es dort gibt.

TIPP Viele größere Unternehmen informieren auf ihrer Webseite über freie Stellen.

Das Unternehmen hat vielleicht sogar eine Seite in einem sozialen Netzwerk wie Facebook oder Xing, wo Sie mehr über das Unternehmen herausfinden, regelmäßige Updates bekommen oder an Online-Diskussionen teilnehmen können.

Falls Sie jemanden kennen, der für ein interessantes Unternehmen arbeitet, dann bitten Sie denjenigen, Sie zu informieren, wenn Stellen frei werden.

Fragen Sie Leute, die Sie kennen

Teilen Sie die Schlüsselelemente Ihres Karrierekapitals und die Vision Ihrer Traumkarriere mit anderen. Reden Sie über Ihre praktischen Fähigkeiten und Erfahrungen und beschreiben Sie dann – mit Rücksicht auf Ihr Karrierebild – die Tätigkeiten und Unternehmen, an denen Sie interessiert sind. Fragen Sie sie nach Vorschlägen. Versuchen Sie so viele Beiträge wie möglich zu sammeln – aus Ihrer Familie, dem Freundeskreis, dem Kreis Ihrer beruflichen Kontakte und Kollegen. Seien Sie in dieser Phase offen für alles. Andere Leute könnten großartige Ideen haben oder neue Ideen bei Ihnen anregen.

Schauen Sie in die Zeitung

Blättern Sie die Zeitungen durch (sowohl lokale als auch überregionale) und markieren Sie sämtliche Jobs, die interessant klingen. Es ist nicht wichtig, wie der Job betitelt ist oder wie wahrscheinlich es ist, dass Sie ihn bekommen. Denken Sie darüber nach, was Sie an jedem markierten Job reizt.

Wolfgang: „Ich habe immer wieder Jobs markiert, die mit Tieren zu tun hatten, weil ich meine Hunde liebe. Ich komme eigentlich aus der IT-Branche, und ich wollte keine Umschulung zum Tierpfleger machen, aber ich dachte, ich könnte für ein Unternehmen arbeiten, das mit Tieren zu tun hat. Ich arbeite inzwischen in der IT Abteilung einer großen Tierschutzorganisation und liebe diesen Job."

Wenn Sie z.B. einen Job interessant finden, weil er viele Auslandskontakte bietet, ist das ein Anhaltspunkt dafür, dass Sie nach Stellen suchen sollten, die Ihren beruflichen Hintergrund mit einer internationalen Dimension verbinden.

TIPP

Jobmessen finden zu jeder Jahreszeit in allen größeren Städten statt. Sie sollten diese Möglichkeiten wahrnehmen und sie besuchen, weil sie vor Ort direkt mit Vertretern der Personalabteilungen aus unterschiedlichen Unternehmen reden können und so mehr über Ihre Möglichkeiten erfahren können. Einen Überblick über Jobmessen in Deutschland bietet die Seite *www.jobmesse-radar.de*

Webseiten zur Jobsuche

Auf sogenannten Recruitment-Webseiten sind tausende von verschiedenen Jobmöglichkeiten aufgelistet. Da es zu viele Informationen gibt, um die Seiten einfach so zu durchforsten und nach Inspirationen zu suchen, erweist sich die Schlüsselwortsuche jeder Datenbank als hilfreich.

Vielleicht sind Sie z.B. an Marketing interessiert, allerdings auch an Musik. Tippen sie verschiedene Kombinationen dieser Schlüsselworte ein und fügen Sie Filter wie Gehaltsvorstellung oder Standort hinzu und sehen Sie, was Ihnen die Datenbank als passenden Job ausspuckt. Das ähnelt einem Schlüsselwort-Job-Glücksrad und eignet sich hervorragend, um Ideen zu entwickeln.

Wenn Sie dann etwas gefunden haben, das Sie interessiert, können Sie anhand der Stellen- bzw. Berufsbezeichnung andere Jobs im selben Arbeitsbereich finden.

TIPP Einige Zeitungen haben online umfangreiche Stellenangebote, also denken Sie daran, sich diese auch anzusehen – z.B. fazjob.net oder jobs.zeit.de.

Wenn Sie mehr über die verschiedenen Stellen, die innerhalb eines Fachbereiches angeboten werden, herausfinden wollen, versuchen Sie es auf Webseiten, die exklusiv dieser besonderen Berufsnische gewidmet sind.

■ Online-Foren und Portale

Online gibt es zahllose Möglichkeiten, sich über Beruf und Karriere auszutauschen. Die Bandbreite reicht von speziellen Online-Foren einzelner Berufsgruppen bis hin zu sozialen Netzwerken wie facebook oder Xing, wo Sie Gruppen beitreten können, deren Thema Sie interessiert.

Auch die Karrierewebseite www.karriere.de von Handelsblatt und Wirtschafts-Woche bietet viele Informationen und Anregungen für Ihre persönliche Weiterentwicklung.

TIPP Vergessen Sie die Bücherei nicht, wo es Bücher und Verzeichnisse gibt, die eine ganze Palette an Informationen zu den Themen Karriere und Beruf bereithalten.

Übung 32: Ihre Ideen

1. Schreiben Sie spontan alle Jobideen auf, die Sie interessieren – mindestens sechs sollten es sein. Das können Ideen sein, über die Sie schon eine Weile nachgedacht haben, oder solche, die durch dieses Kapitel oder Ihre Recherchen aufkamen, oder die Ihnen von anderen vorgeschlagen wurden.
2. Halten Sie Ihre Ideen in Form einer Mindmap (siehe Beispiel) fest oder schreiben Sie sie in Listenform oder als Diagramm auf.
3. Schließen Sie in dieser Phase noch nichts aus.
4. Entscheiden Sie, welche Ideen aus dieser Liste Ihnen am meisten zusagen. Kreisen Sie diese ein oder markieren Sie sie und arbeiten Sie in Kapitel 17 mit dieser Auswahl, wenn wir Ihre Recherchen in die nächste Phase bringen.

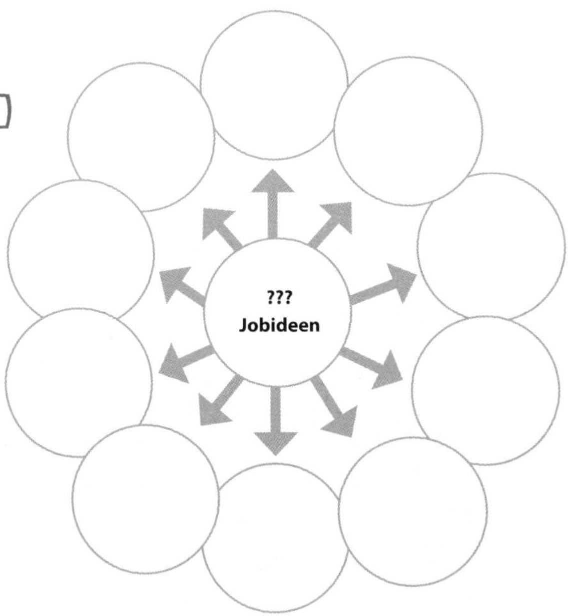

■ Beispiel

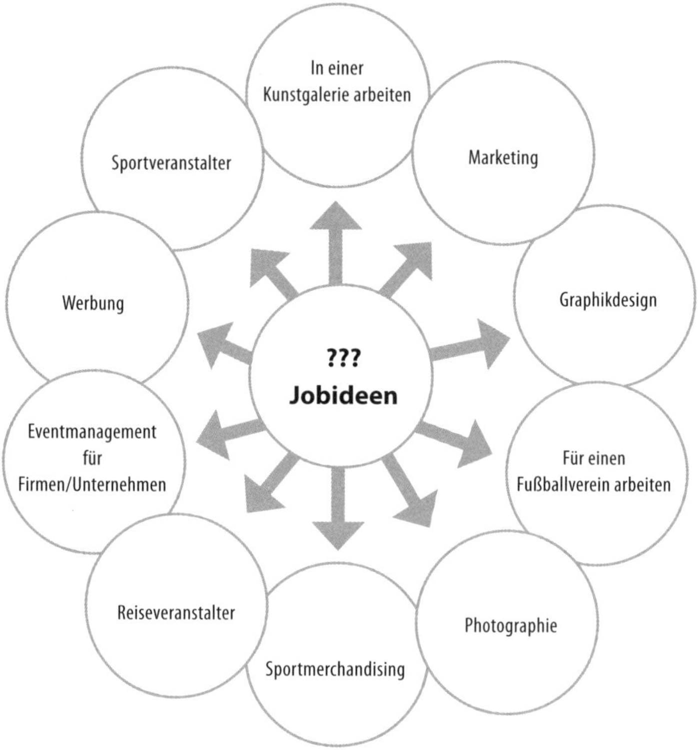

TIPP

Wenn Sie es immer noch schwierig finden, Ideen zu entwickeln oder die verfügbaren Informationen zu verarbeiten, könnte es hilfreich sein, wenn Sie mit einem professionellen Berater wie einem Karriere Coach oder einem Berufsberater reden. Diese können Ihnen den Weg zu relevanten Karriereideen weisen und Ihnen dabei helfen, ihre Eignung dafür zu beurteilen.

5.4 Recherche und Realitäts-Check

In Teil 5 haben wir uns bis jetzt Ihre Karriereoptionen und Jobideen angesehen. Egal ob Sie sich Ihrer Ziele relativ sicher sind oder ob Sie eine Reihe von Möglichkeiten ausprobieren wollen, zwei wichtige Elemente müssen Sie beachten, wenn Sie eine Wahl treffen.

1. Sie müssen echte Leidenschaft, Energie und Enthusiasmus für die Stelle empfinden. Ohne diese Eigenschaften gerät Ihre Jobsuche leicht halbherzig und deswegen weniger erfolgreich. Deswegen ist Ihre Vorstellung von der idealen Karriere ein solch wichtiger Teil des Coaching Prozesses. (Blättern Sie zurück zu Seite 177, um sich Ihr Bild davon erneut anzusehen.)
2. Sie müssen sehr gut über den Arbeitsmarkt Bescheid wissen. Es hat keinen Sinn, wenn Sie nach Stellen suchen, die es im Augenblick zu selten gibt, oder sich auf welche bewerben, für die Sie nicht qualifiziert sind.

Ben: „Ich hätte zweimal darüber nachgedacht, Tontechniker zu werden, hätte ich vorher realisiert, was die Selbstständigkeit bedeutet. Es gibt keinerlei Sicherheit. Ich muss dauernd reisen. So wollte ich das eigentlich nicht."

Selbst wenn Ihr Traumjob momentan weit jenseits Ihrer Möglichkeiten liegt, seien Sie nicht entmutigt. Wenn Sie noch nicht soweit sind, dann suchen Sie nach einem Job, der einen Einstieg in diese Richtung bietet und Sie Ihrem Traumjob einen Schritt näher bringt. Vielleicht hilft Ihnen eine zusätzliche Ausbildung oder das Sammeln neuer Erfahrungen dabei, Ihr Ziel schneller zu erreichen. Anderenfalls gibt es vielleicht einen anderen Weg, der Ihnen in beruflicher Hinsicht bietet, was Sie wollen, aber für Sie einfacher erreichbar ist. Machen Sie sich das Leben nicht unnötig schwer.

In diesem Kapitel werden wir uns die Möglichkeiten und Ideen ansehen, die für Sie von Interesse sind, und diese dann einem Realitätscheck unterwerfen. Schließlich müssen Sie wissen, ob Ihre Ziele auch realistisch erreichbar sind.

■ Vermeiden Sie Annahmen!

Viele Kunden kommen zum Karriere Coaching, weil sie unzählige Bewerbungen geschrieben haben und bei der Vergabe der Jobs nie berücksichtigt wurden. Der Grund für ihre Misserfolge liegt oft darin, dass sie die Voraussetzungen, die der Arbeitgeber stellt, falsch verstanden haben und sich somit auf ungeeignete Stellen bewerben. Ich habe zum Beispiel mit Menschen gesprochen, die glauben, Manager in jedem beliebigen Unternehmen sein zu können, nur weil sie diese Position einmal ausgefüllt haben. Obwohl Management zu den übertragbaren Fähigkeiten gehört, macht es sie nicht zwangsläufig zu den richtigen Kandidaten für jeden Managementjob. Es gibt immer eine ganze Reihe weiterer Kriterien, die erfüllt werden müssen.

Charlotte: „Wie konnten die mich nicht zum Vorstellungsgespräch einladen? Ich hatte alles, was sie wollten. Das ist einfach lächerlich!"

Wenn Sie überraschenderweise für einen Job abgelehnt wurden, obwohl Sie sich für den geeigneten Kandidaten hielten, haben Sie in Ihrer Bewerbung wahrscheinlich falsche Prioritäten gesetzt. Haben Sie vorher gründlich recherchiert, was der Arbeitgeber hören wollte?

Gründliche Recherche ist essentiell wichtig und spart Ihnen später viel Zeit, Energie und Frustration, wenn es darum geht, Ihren Karriere-Maßnahmenplan umzusetzen.

Was Sie herausfinden müssen

Egal ob Sie sich bezüglich Ihrer nächsten Schritte relativ sicher sind oder ob Sie eine Vielzahl an Optionen bedenken – folgende Dinge müssen Sie recherchieren:

- *Die Nachfrage auf dem Arbeitsmarkt für diesen Berufszweig – und zwar die jetzige und zukünftige.*
- *Typische Einstiegswege in diesen Job und Entwicklungsmöglichkeiten.*
- *Die Qualifikationen und Ausbildungsvoraussetzungen.*
- *Wie der Alltag in diesem Aufgabenfeld aussieht.*
- *Informationen über Löhne und Gehälter.*
- *Kriterien, nach denen Arbeitgeber Bewerber auswählen.*
- *Feedback von Personalverantwortlichen/Arbeitgebern über Ihre Eignung.*
- *Informationen über Unternehmen, die momentan Mitarbeiter in dieser Funktion suchen.*
- *Insiderinformationen von Leuten, die momentan diese Funktion innehaben oder in dem Unternehmen arbeiten, an dem Sie interessiert sind.*
- *Alle persönlichen Faktoren und Umstände, die Ihnen das Leben in dieser Funktion erleichtern oder erschweren könnten.*

Wie Sie an diese Informationen herankommen

Nachfrage auf dem Arbeitsmarkt

Wenn Sie Ihren nächsten Karriereschritt auswählen, müssen Sie einen Blick auf die Nachfrage auf dem Arbeitsmarkt werfen.

Einige Berufe und Sektoren wachsen voraussichtlich, wie z.B. das Gesundheitswesen und ambulante Pflegedienste, was eine Folge der Bevölkerungsalterung ist. Andere sind rückläufig wie z.B. CD- und Plattenläden, da die Kunden sich digitalen Downloads zuwenden.

Verlassen Sie sich nicht ausschließlich auf Jobportale im Internet, wenn Sie die Nachfrage beurteilen wollen. Sie sehen eventuell viele relevante Jobs auf einer dieser Webseiten aufgelistet und nehmen an, dass der Arbeitsmarkt gut ist. Allerdings ist es nicht ungewöhnlich, dass ein und derselbe Job mehrfach geführt wird, jeweils nur unter anderen Jobbezeichnungen. Sie brauchen also ein viel präziseres Bild der Nachfrage.

Die Seite des Bundesministeriums für Arbeit www.bmas.de bietet Ihnen regelmäßige Einschätzungen der Arbeitsmarktlage sowie Informationen zur Aus- und Weiterbildung in verschiedenen Branchen. Sie müssen wissen, ob die Nachfrage wahrscheinlich hoch ist oder ob der Markt schon von guten Bewerbern gesättigt ist und die Aussichten auf lange Sicht zweifelhaft sind.

Nutzen Sie Stellenanzeigen

Es mag Ihnen so vorkommen, als hätten Sie sich hunderte von Stellenanzeigen angesehen, während Sie Ihre Recherchen für Kapitel 5.3 betrieben haben. Aber es gehört etwas Geschick dazu, diese richtig zu interpretieren und so viele Informationen wie möglich herauszulesen.

Übung 33: Interpretation von Stellenanzeigen

33

1. Suchen Sie für **jede** der Positionen, für die Sie sich interessieren und bewerben wollen, drei oder vier Stellenanzeigen heraus.
2. Sehen Sie sich die Details der Anzeigen, die Sie gesammelt haben, genau an und beantworten Sie folgende Fragen für jede Berufsmöglichkeit.

■ Berufsmöglichkeit 1

- Welche Aktivitäten haben diese Jobs gemeinsam?
- Ist der Job so, wie Sie es erwartet haben?
- Welche Unterschiede gibt es zwischen den Jobs?
- Welcher sagt Ihnen am meisten zu und warum?
- Welche Auswahlkriterien gibt es seitens der Arbeitgeber? Entsprechen Sie diesen?
- Gibt es Qualifikationslücken? Falls ja, gibt es etwas, das Sie tun können, um diese aus der Welt zu schaffen?

■ Berufsmöglichkeit 2

- Welche Aktivitäten haben diese Jobs gemeinsam?
- Ist der Job so, wie Sie es erwartet haben?
- Welche Unterschiede gibt es zwischen den Jobs?
- Welcher sagt Ihnen am meisten zu und warum?
- Welche Auswahlkriterien gibt es seitens der Arbeitgeber?? Entsprechen Sie diesen?
- Gibt es Qualifikationslücken? Falls ja, gibt es etwas, das Sie tun können, um diese aus der Welt zu schaffen?

Beispiel für eine Stellenanzeige

Stellenbezeichnung: Fundraiser für eine gemeinnützige Organisation

Diese Stelle beinhaltet:

- *Entwicklung des Hauptgeldgeber /Unternehmensfinanzierungsplans*
- *Zielgerichtete Erfüllung und Umsetzung dieses Plans*
- *Erstellung von Flyern, Berichten, Videos für Spenderkonferenzen*
- *Beschaffung großer Spenden (25.000+ €) und Entwicklung eines Schirmherrenprogrammes*

- *Kontakt mit Schirmherren, Organisation von Events, Empfängen, Briefings, Diskussionen etc.*
  Neue Chancen anhand der firmeneigenen Datenbank und externen Quellen zu ermitteln

■ Anforderungsprofil:

- *5 Jahre Erfahrung als Fundraiser, davon mindestens 3 in der Schirmherrengewinnung oder Erfahrungen im Kundenkontakt*
  Nachweisbare Leistungen im Herstellen von Kontakten zu Hauptspendern
  Nachweisbare strategische und kreative Vorgehensweise zur Entwicklung von Möglichkeiten für das Fundraising
- *Erfahrung im Erstellen und Durchführen qualitativ hochwertiger Präsentationen, Networking, Verhandlungsgeschick und Überzeugungskraft*
- *Exzellente zwischenmenschliche Fähigkeiten und Kommunikationsfähigkeit – sowohl mündlich als auch schriftlich*
- *Nachweisbare Eventerfahrung*

■ Beispiel von Barbara beantwortet:

Welche Aktivitäten haben diese Jobs gemeinsam?

- Entwicklung von Kampagnenplänen und deren Organisation, Spendenziele erfüllen, Eventorganisation, Spenderkontakte.

Ist der Job so, wie Sie es erwartet haben?

- Im Großen und Ganzen. Starke Betonung auf Chancenfindung.

Welche Unterschiede gibt es zwischen den Jobs?

- Einige konzentrieren sich mehr auf die einzelnen Schirmherren, andere eher auf Unterstützung durch Firmenspenden oder durch die Regierung/Lotterie.

Welcher sagt Ihnen am meisten zu und warum?

- Ich denke, ich würde mich wohler fühlen, wenn ich mit Firmenkunden arbeiten könnte, weil das eher meiner Vorgeschichte entspricht. Ich habe Einblick in die Bedürfnisse von Unternehmen, bezogen auf ihre sozialverantwortlichen Unternehmensziele.

Welche Auswahlkriterien gibt es? Entsprechen Sie diesen?

- Besonders im Hinblick auf Eventorganisation, Erstellung von Präsentationen, Flyergestaltung und andere kommunikativen Dinge entspreche ich den Anforderungen. Ich bin auf diesem Gebiet sehr erfahren und habe das auch schon für andere Wohltätigkeitsorganisation gemacht. Allerdings habe ich noch nie speziell als Fundraiser gearbeitet.

Gibt es Qualifikationslücken? Falls ja, gibt es etwas, das Sie tun können, um diese aus der Welt zu schaffen?

- Ich habe nicht die umfassenden Erfahrungen darin, nur im Fundraising zu arbeiten. Allerdings glaube ich, dass ich gut darin wäre. Wenn ich eine Stelle als Assistent in der Fundraising Abteilung bekäme, könnte ich lernen, wie man eine Fundraising Kampagne entwickelt und organisiert und ich glaube, dass ich mich schnell bewähren könnte.

Wenn Sie mindestens 95% der in der Stellenanzeige angegebenen Kriterien erfüllen und auch Beispiele geben können, um das zu belegen, sind Sie wahrscheinlich ein passender Kandidat. Obwohl das natürlich darauf ankommt, wie wichtig die fehlenden 5% dem potentiellen Arbeitgeber sind.

Falls es noch Lücken gibt, müssen Sie gute Argumente auffahren, wie diese überbrückt werden können, falls Sie ausgewählt werden wollen.

Sollten Sie merken, dass die Stelle nicht ganz dem entspricht, was Sie sich vorstellen, oder dass Sie nicht dem Profil entsprechen, dann ist sie zum jetzigen Zeitpunkt nicht die richtige für Sie. Vielleicht passt sie aber auf lange Sicht doch noch in Ihre Strategie und Sie können darauf hinarbeiten.

■ Gehaltsrecherche

Wenn Sie nicht gerade wohlhabend sind, ist es für Sie wichtig, den Marktwert Ihres Wunschberufes zu kennen. Es gibt viele nützliche Informationen über Durchschnittsgehälter online. Tippen Sie einfach „Verdienst" oder „Gehalt" zusammen mit Ihrer Berufsbezeichnung in Ihre Suchmaschine ein, und Sie werden eine Vielzahl an Informationen finden. Auf Seite 318 habe ich Ihnen auch eine Liste mit nützlichen Gehaltsübersicht-Webseiten beigefügt.

Bevor Sie sich allerdings von den Gehaltsangaben am oberen Ende der Liste mitreißen lassen, bedenken Sie, dass der Arbeitsmarkt hart umkämpft ist und es viele gute Kandidaten da draußen gibt. Wenn Arbeitgeber die Qual der Wahl haben, gibt es für sie natürlich keinen Anreiz, Premiumlöhne zu zahlen.

TIPP

Informieren Sie sich über den durchschnittlichen Gehaltsrahmen für Ihren Wunschberuf, damit Sie abschätzen können, ob die Tätigkeit Ihnen ein Auskommen bietet. Im Bereich Management oder Vertrieb können Sie davon ausgehen. Im sozialen oder künstlerisch-kulturellen Bereich werden zum Teil sehr niedrige Gehälter gezahlt.

Reden Sie mit anderen!

Insiderinformationen von Leuten, die selbst in dieser Position arbeiten oder Leute in diesem Umfeld kennen, sind unbezahlbar. Machen Sie jeden ausfindig, der Ihnen Antworten auf die folgenden Fragen geben kann, und schreiben Sie diese Antworten auf.

- *Was beinhaltet ein typischer Arbeitstag in dieser Position?*
- *Wie sieht aus Arbeitgebersicht ein idealer Bewerber für diese Position aus?*
- *Was kennzeichnet die Leute, die gut in diesem Job sind?*
- *Denken Sie, dass ich dafür geeignet wäre?*
- *Wie sieht die zukünftige Nachfrage nach diesen Stellen aus?*
- *Welchen Rat können Sie mir bei der Bewerbung für diese Stelle geben?*
- *Könnten Sie mich informieren, wenn Sie von geeigneten Jobmöglichkeiten für mich erfahren?*

TIPP

Nutzen Sie bereits bestehende Kontakte, aber arbeiten Sie auch vorausschauend und suchen Sie sich gezielt Kontakte, die über die entsprechenden Informationen verfügen. Sie können auch in Onlineforen recherchieren: Xing ist die erste Adresse, um sich mit Leuten aus einer bestimmten Branche in Verbindung zu setzen.

Arbeitsproben

Versuchen Sie, in Ihre Wunschposition hineinzuschnuppern, bevor es ernst wird. Vielleicht können Sie ein Praktikum absolvieren oder jemandem ein paar Tage bei seiner Arbeit über die Schulter schauen?

So bekommen Sie einen Einblick in die tägliche Routine des Jobs, können Kontakte knüpfen und sich Tipps holen. Später können Sie diese Erfahrung dann auch Ihrer Vita hinzufügen und sich damit als Bewerber oder Bewerberin attraktiver machen.

TIPP Die Recherche für dieses Kapitel kann mehrere Stunden dauern, vielleicht sogar Tage oder Wochen. Sorgfältige Recherche in diesem Stadium spart Ihnen später viel Zeit.

Wenn Sie so viel Recherche wie möglich betrieben haben, dann sammeln Sie all die Erkenntnisse in folgender Übung.

Übung 34: Zusammenfassung der Jobrecherche

34

1. Beantworten Sie die folgenden Fragen für jede Stelle, die Sie in Erwägung ziehen. Falls nötig, nehmen Sie sich ein gesondertes Blatt.

- Was ist eine typische Berufsbezeichnung für diese Art von Anstellung?

- Was haben Sie über diese Stelle herausgefunden?

- Wie gut passt diese Stelle zu Ihren Fähigkeiten und Erfahrungen?
- Gibt es Lücken zwischen dem, was Sie anbieten können und dem, was die Personalverantwortlichen haben wollen? Falls ja, wie können Sie diese überbrücken?
- In welchem Bereich liegen die Gehälter?
- Wie kommen Leute normalerweise in diese Position?
- Welche Vorteile hätte es für Sie, wenn Sie diesen Beruf ergreifen?
- Gibt es Nachteile?
- Bringt es Sie Ihrer Karrierevisualisierung/Traumkarriere näher? Wenn ja, wie?
- Ist der Job für Sie tatsächlich die richtige Wahl? Wenn ja, warum?

Beispiel von Louis

Was ist eine typische Berufsbezeichnung für diese Art von Anstellung?

- Assistent im Online-Marketing.

Was haben Sie über diese Stelle herausgefunden?

- Dass sie sowohl technische als auch kreative Fähigkeiten erfordert. Viel Zeit verbringt man dabei allerdings auch vor dem Computer, daher ist sie auch sehr eintönig. Sehr ergebnisorientiert. Viel Energie, gute schriftliche Ausdrucksweise und Kreativität bei der Ideenfindung werden benötigt. Sie ist sehr analytisch, weil man immer ein Auge auf die Statistiken haben muss und genau abstimmen muss, was man tut. Kontakte und Markenaufbau sind auch enorm wichtig.

Wie gut passt diese Stelle zu Ihren Fähigkeiten und Erfahrungen?

- Mein Abschluss in Marketing wird mir zugute kommen. Ich verstehe mich auf die Kundenbetreuung und die Psychologie, die dahintersteckt. Meine visuelle Kreativität wird mir auch dabei helfen, ästhetisch anspruchsvolle und optisch wirksame Inhalte zu erschaffen. Ich habe sehr gute IT-Kenntnisse.

Gibt es Lücken zwischen dem, was Sie anbieten können und dem, was die Personalverantwortlichen haben wollen? Falls ja, wie können Sie diese überbrücken?

- Erfahrungen bei der Suchmaschinenoptimierung (SEO) und im Umgang mit sozialen Medien – damit hatte ich bis jetzt sehr wenig zu tun. Ich kann mir alles über SEO und über den Einsatz von Sozialen Medien für ein Unternehmen anlesen. Ich kann meinem jetzigen Arbeitgeber auch bei der SEO helfen, ihn in kostenlosen Verzeichnissen auflisten lassen, „Pay-Per-Click" Kampagnen entwickeln. Ich habe ein paar Freunde, die in diesem Bereich arbeiten. ich kann sie fragen, was genau in dem Bereich verlangt wird.

In welchem Bereich liegen die Gehälter?

- Zwischen 20.000 € und 25.000 € für den ersten oder zweiten Job in dieser Branche.

Wie kommen Leute normalerweise in diese Position?

- Als Auszubildender oder Trainee. Normalerweise kommt man aus der IT- oder Marketingbranche. Oder sie arbeiten bereits für das Unternehmen und übernehmen dann nur die Verantwortung für diesen Bereich.

Welche Vorteile hätte es für Sie, wenn Sie diesen Beruf ergreifen?

- Kann meinen Abschluss in Marketing und meine IT-Kenntnisse gut verwenden. Wenn ich eine Stelle finden kann, in der ich auch meine Kreativität einsetzen darf, wie z.B. Sport oder visuelle Gestaltung, dann wäre das optimal.

Gibt es Nachteile?

- Nein. Nur dass ich wieder hart arbeiten muss, um zu beweisen, wozu ich fähig bin. Es kann sein, dass ich eine Lohnkürzung in Kauf nehmen muss, wenn ich als Einsteiger in dieses Berufsfeld komme, aber das wird es am Ende wert sein.

Bringt es Sie Ihrer Karrierevisualisierung / Traumkarriere näher? Wenn ja, wie?

- Ich glaube, dass die Kombination von IT und Kreativität mir die Zufriedenheit im Job geben wird, die ich schon immer wollte – und das war der wichtigste Aspekt meines Bildes bzw. der Visualisierung – das Gefühl, dass ich mich auch auf der Arbeit selbst verwirklichen kann.

Ist der Job für Sie tatsächlich die richtige Wahl? Wenn ja, warum?

- Ja, mein Abschluss ist dabei von großem Nutzen und meine Fähigkeiten werden benötigt. Ich bin sicher, dass ich mich in dieser Stelle gut zurechtfinden würde.

2. Jetzt da Sie damit fertig sind, werden Ihnen die Auswahlmöglichkeiten für Ihren nächsten Karriereschritt deutlicher? Gibt es einen Favoriten, oder ziehen Sie noch zwei oder drei in Erwägung?

3. Schreiben Sie unten auf, welche Jobmöglichkeit(en) Sie zur nächsten Auswahlstufe mitnehmen möchten.

Meine bevorzugten Optionen

1.

2.

3.

5.5 **Fällen Sie eine Entscheidung**

Jetzt, da Sie Ihre Optionen kennen, soll Ihnen dieses Kapitel dabei helfen, clevere Entscheidungen zu treffen. Wir benutzen dafür die Recherchen über Sie und Ihre Jobmöglichkeiten, die Sie gesammelt haben, um sicherzustellen, dass Ihr nächster Schritt Ihnen im Hinblick auf Ihre Karriere gibt, was Sie suchen.

„Du hast so viele Möglichkeiten. Wenn es für Dich eine lästige Pflicht ist, morgens aufzustehen und du nicht regelmäßig lächelst, versuch es mit einer anderen." - Steven D. Woodhull

Egal ob Sie Ihre Karriereentscheidung schon getroffen haben oder ob Sie immer noch einige Möglichkeiten abwägen – lassen Sie uns ein paar Ihrer Karriereideen auf Herz und Nieren prüfen und herausfinden, ob sie realistisch und stabil sind.

In diesem Kapitel gibt es eine Vielzahl verschiedener Übungen, die Ihnen bei der Entscheidung helfen sollen.

Sieben Tipps für effektive Karriereentscheidungen

1. **Recherchieren Sie.** Tragen Sie alle Informationen zusammen, die Sie für eine Entscheidung benötigen. Dazu gehören z.B. schriftliche Materialien, Meinungen, Statistiken, Anzeigen und Informationen aus dem Internet. Sie sollten aus den Kapiteln 16 und 17 genug davon gesammelt haben.
2. **Hören Sie auf Ihre Intuition.** Wenn die Fakten Sie in eine Richtung weisen, Ihr Bauchgefühl aber in eine andere, dann achten Sie darauf und finden Sie den Grund dafür.
3. **Genießen Sie es, Entscheidungen zu treffen.** Behandeln Sie die berufliche Entscheidungsfindung als Forschungsprojekt, das es zu genießen gilt. Wenn Sie sich unter Druck gesetzt fühlen oder ungeduldig sind und eine schnelle Entscheidung wollen, schalten Sie einen Gang zurück. Nicht das Tempo ist in dieser Phase entscheidend, sondern das gründliche Vorgehen.
4. **Sprechen Sie darüber.** Viele Menschen finden es hilfreich, mit jemand anderem über ihre Möglichkeiten oder Entscheidungen zu reden. Wenn Sie dazu gehören, suchen Sie sich einen guten Zuhörer.
5. **Keine Schwarzmalerei.** Es gibt nur ganz wenige Dinge im Leben, die nicht rückgängig gemacht werden können. Bauen Sie eine Rückblicks- und Prüfungsphase ein, nachdem Sie Ihre Entscheidung gefällt haben. Wenn Sie dann feststellen, dass Sie alles gegeben haben und es immer noch nicht funktioniert, versuchen Sie etwas anderes.

6. **Risikomanagement.** Jede Entscheidung – die Entscheidung fürs Nichtstun eingeschlossen – birgt Risiken. Akzeptieren Sie, dass Sie selbst mit den besten Informationen der Welt nicht alles wissen, auf jede Eventualität vorbereitet sein oder Erfolg garantieren können. Wenn Ihre berufliche Entscheidung allerdings ein erhebliches finanzielles Risiko mit sich bringt, sorgen Sie dafür, dass sie einen Rückfall- und Reserveplan haben.

7. **Halten Sie an Ihrer Entscheidung fest.** Wenn Sie Ihre Entscheidung einmal gefällt haben, verfolgen Sie sie mit aller Energie. Wenn die richtige Entscheidung nur halbherzig ausgeführt wird, ist das Risiko eines Fehlschlages viel höher als bei einer falschen Entscheidung, die mit Begeisterung ausgeführt wird.

■ Bedenken Sie Ihre Möglichkeiten

Vielleicht erinnern Sie sich daran, dass wir ganz zu Beginn unseres Coachings einen Blick auf die Vor- und Nachteile Ihrer momentanen Situation geworfen haben (S.55). Wir tun nun dasselbe mit Ihren beruflichen Möglichkeiten, um sicherzustellen, dass Sie eine möglichst objektive Sicht auf die Dinge haben.

Übung 35: Vor- und Nachteile

35

1. Schreiben Sie unten oder auf ein separates Blatt Papier die Vor- und Nachteile jeder Option, die Sie in Erwägung ziehen.
2. Machen Sie sich Notizen über Konsequenzen, offene Fragen, Vorbedingungen etc., die im Zusammenhang mit der jeweiligen Option stehen.

Vorteile	Nachteile	Notizen

Beispiel: Geschichtslehrer werden

Vorteile	Nachteile	Notizen
Ich arbeite gerne mit Kindern. Verträgt sich besser mit meinem Privatleben als der jetzige Job. Könnte in der Nähe arbeiten.	Müsste das 2. Staatsexamen nachholen. Kinderbetreuung kann immer noch erforderlich sein, je nachdem wie weit die Schule entfernt ist.	Die technischen Probleme (Kinderbetreuung etc.) lassen sich vermutlich lösen.

▶▶

Interessiere mich für das Fach Passt zu meiner Vorstellung davon, etwas bewirken zu können Mehr kreativer Spielraum als in meinem jetzigen Job Regelmäßiges Einkommen	Es ist nicht garantiert, dass ich einen Job in der Nähe finde. Nicht alle Schüler zeigen Interesse für das Fach. Würde ich das Arbeitstempo an einer Schule vielleicht als zu langsam empfinden, verglichen mit meinem jetzigen Job? Hätte viel mit der Bürokratie zu tun, was mir vielleicht auf die Nerven gehen würde. Weniger Gehalt.	Ein Freund, der Lehrer ist, hat mir von dem ganzen Papierkram erzählt.

In dieser Phase kann es sein, dass sich ein klarer Favorit aus den verschiedenen Möglichkeiten herauskristallisiert. Falls sich allerdings immer noch einige gleich attraktiv anhören, wird Ihnen die nächste Übung helfen, die Optionen detaillierter gegeneinander abzuwägen.

Übung 36: Arbeitsblatt zur Entscheidungsfindung

36

Wenn Sie eine Vielzahl an Möglichkeiten in Erwägung ziehen, probieren Sie folgendes Arbeitsblatt aus, das die Optionen vergleicht und Ihnen so bei der Auswahl hilft. Das Beispiel auf Seite 226 zeigt Ihnen, wie es funktioniert.

1. Denken Sie an Ihre Karriere-Wunschliste und Ihr Karrierebild (Übung 29 und 30) zurück. Listen Sie bis zu zehn Karriereprioritäten auf, die Sie verwirklichen wollen, und stufen Sie sie nach ihrer Wichtigkeit ein – die wichtigste Priorität auf Nummer 10, die unwichtigste auf die 1.

2. Fügen Sie die Optionen ein, die ebenfalls noch im Rennen sind, wie z.B. zu bleiben, wo Sie sind, sich selbstständig zu machen oder einen ähnlichen Job in einem anderen Unternehmen anzunehmen.
3. In der Wahrscheinlichkeitsspalte sollen Sie entscheiden, wie wahrscheinlich diese Option Ihre Prioritäten zufriedenstellen wird: 10 steht für sehr hohe Wahrscheinlichkeit und 1 für extrem geringe Wahrscheinlichkeit. Ihre Arbeitsmarktrecherche kann Ihnen hier von Nutzen sein.
4. Multiplizieren Sie nun die Rangnummer der Karriereprioritäten mit der Wahrscheinlichkeitsziffer und tragen Sie das Ergebnis in die Spalte für die Zwischensumme dieser Option ein. Addieren Sie dann die Zwischensummen für jede Option am Ende jeder Sparte zusammen, um festzustellen wie jede Option darin abschneidet, mit Ihre beruflichen Voraussetzungen übereinzustimmen.

TIPP

Sie können dieses Formular als Tabelle herunterladen, wenn Sie unsere Webseite unter www.buchzumberuf.de/buchshop/karriere-coach.html besuchen.

TIPP

Passen Sie die Prioritäten und die Gewichtung ruhig an und spielen Sie mit verschiedenen Varianten. Sehen Sie sich ein Beispiel hierzu auf Seite 226 an.

Karriereprioritäten	Rangliste der Karriere-prioritäten (1-10)	Möglichkeit 1		Möglichkeit 2		Möglichkeit 3	
		Wahrschein-lichkeit	Zwischen-summe	Wahrschein-lichkeit	Zwischen-summe	Wahrschein-lichkeit	Zwischen-summe
Gesamtsumme							

■ Beispiel

Karriereprioritäten	Rangliste Karriere-prioritäten (1-10)	Möglichkeit 1		Möglichkeit 2		Möglichkeit 3	
		Wahrschein-lichkeit	Zwischen-summe	Wahrschein-lichkeit	Zwischen-summe	Wahrschein-lichkeit	Zwischen-summe
mehr Geld	**10**	5	50	1	10	1	10
Beförderungsmöglichkeiten	**9**	4	36	1	9	1	9
Anerkennung für meine Arbeit	**8**	5	40	1	8	2	16
Sicherheit	**7**	1	7	5	35	6	42
Mehr Verantwortung	**6**	5	30	1	6	4	24
In einer Branche arbeiten, die wächst, anstatt zu schrumpfen	**5**	6	30	1	5	5	25
Ein schöner Weg zur Arbeit	**4**	7	28	7	28	9	36
Bietet Führungstrainings und Weiterbildungen an	**3**	4	12	2	6	5	15
Am Ende des Tages merken, dass man was bewirkt hat	**2**	5	10	1	2	8	16
Gute Kollegen haben	**1**	4	4	4	4	5	5
Gesamtsumme			247		113		198

Anhand des Beispiels können Sie sehen, dass es in diesem Fall die beste Option wäre, einen ähnlichen Job in einem anderen Unternehmen zu suchen.

Wenn Sie sich mit dem Ergebnis aus Übung 36 noch nicht recht wohl fühlen, dann prüfen Sie es nochmals, indem Sie die folgende Entscheidungsfindungsübung absolvieren.

■ Schlusskontrolle

„Sowohl Optimisten als auch Pessimisten leisten einen positiven Beitrag zu unserer Gesellschaft. Der Optimist erfindet das Flugzeug und der Pessimist den Fallschirm." - Gil Stern

Oft gehen wir, wenn wir Entscheidungen treffen müssen, immer auf die gleiche Art und Weise vor. Vielleicht bevorzugen wir eine analytische Herangehensweise oder tendieren dazu, uns auf unser Bauchgefühl zu verlassen. Optimisten unterschätzen Schwierigkeiten häufig oder nehmen an, dass sie keinen Notfallplan brauchen, da alles gutgehen wird. Pessimisten hingegen verheddern sich so in den Fallstricken, dass sie gute Gelegenheiten verpassen.

Die folgende Übung zwingt Sie dazu, sich von Ihrem normalen Denken und Entscheidungsfindungsstil loszusagen und eine ausgeglichenere Sicht der Dinge anzunehmen.

37

Übung 37: Entscheidungsperspektiven

Ziehen Sie Ihre bevorzugte Karrieremöglichkeit heran und testen Sie sie gründlich aus allen Blickwinkeln. Beantworten Sie alle untenstehenden Fragen und notieren Sie die Antworten.

- Fakten:

  Haben Sie all die Informationen, die Sie brauchen?

  Welche Beweise haben Sie dafür, dass diese Option realistisch ist?

  Haben andere Leute bestätigt, dass sie realistisch ist?

- Emotionen:

  Was fühlen Sie, wenn Sie über diese Option nachdenken?

  Was sagt Ihre Reaktion über die ausgewählte Option aus?

  Wie werden andere Leute Ihrer Meinung nach emotional auf diese Karriereentscheidung reagieren?

- Negatives:

  Welche Nachteile hat diese Option?

  Warum könnte etwas schief gehen?

  Was würde passieren, wenn es schief gehen würde?

▶▶

- Positives:

  Was reizt Sie an dieser Option?

  Was würde es für Sie bedeuten, wenn Sie Erfolg hätten?

  Wie könnten andere von Ihrem Erfolg profitieren?

- Kreativität:

  Wenn Sie vollkommene Entscheidungsfreiheit hätten, was würden Sie tun?

  Hatten Sie eine große Auswahl an Ideen, bevor Sie Ihre Entscheidung getroffen haben?

  Gibt es andere Wege, die Sie beschreiten könnten?

- Abläufe:

  Welche Vorgaben müssen erfüllt sein, damit diese Option funktioniert?

  Woher sollen Sie wissen, ob diese Option funktioniert oder nicht?

  Wer oder was wird dafür sorgen, dass Sie nicht vom Kurs abkommen?

Beispiel von Karl

Fakten:

Ich habe mir meine finanziellen Möglichkeiten angesehen und alle Studienmöglichkeiten verglichen und dann beschlossen, ein Fernstudium zu beginnen, weil ich dabei nebenher arbeiten kann. Ich werde auf der Arbeit nachfragen, ob der Betrieb einen Teil der Studiengebühren übernimmt - immerhin kommt das Studium meiner Arbeit direkt zugute. Wenn es dafür kein Geld gibt, bin ich aber bereit, das Studium auch selbst zu finanzieren. Ich habe mit der Personalabteilung gesprochen und mir bestätigen lassen, dass es für mich von Vorteil wäre, wenn ich diese Qualifikation hätte. Ich habe auch mit zwei Leuten aus derselben Branche gesprochen, die der gleichen Meinung waren.

Emotionen:

Ich mache mir Sorgen wegen der hohen Studiengebühren und darüber, wie schwer es sein wird, abends und am Wochenende Zeit zum Lernen zu finden. Ich bin aber auch wirklich entschlossen, dieses Studium zu machen, weil es einfach das Richtige für mich ist. Ich fühle mich erleichtert, weil diese Qualifikation mir mehr Kompetenz verleiht. In der Vergangenheit hatte ich doch immer mal das Gefühl, zu improvisieren und nicht so genau zu wissen, was ich tun soll. Meine Partnerin unterstützt mich aber es könnte sein, dass sie nach einer Weile sauer ist, weil ich viel meiner Freizeit für das Studium opfern muss.

Negatives:

Ich werde wenig Freizeit haben, weil ich die gesamte Zeit zwischen der Arbeit, dem Studium und meinem Privatleben aufteilen muss. Ich habe Angst davor, durch die Prüfungen zu fallen oder das Studium ganz abzubrechen, weil es mir zu viel wird. Da die Lernzeiten aber flexibel sind, kann ich zwischen den Modulen immer eine Pause machen, wenn mir alles zu

▶▶

viel wird. Das Schlimmste wäre, wenn ich so viel Zeit und Energie für das Studium aufbringe und dann in meinem Job keine Fortschritte machen würde. Muss sicherstellen, dass das nicht passiert.

- Positives:

  Bin wirklich an dem Fach interessiert. Freue mich schon darauf, ein Diplom zu haben. Ich wollte das schon seit Jahren tun. Wenn ich in dieser Branche einen neuen Job gefunden habe, dann werde ich sehr glücklich sein. Es passt zu dem, was ich von meiner Karriere erwarte, meine berufliche Zufriedenheit wird wachsen und ebenso meine Möglichkeiten, mich weiterzuentwickeln. Ich glaube auch, dass die Leute wirklich stolz auf mich sein werden.

- Kreativität:

  Ich würde den Kurs definitiv immer noch machen wollen, aber ich würde mich lieber gleich auf Stellen bewerben anstatt zu warten, bis ich mit dem Studium fertig bin. Ich frage mich, ob ich mich

  schon jetzt bewerben kann und beim Vorstellungsgespräch dann erklären kann, dass ich anfange zu studieren? Es hält mich nichts davon ab, den Netzwerkgruppen am Institut beizutreten und mich bei Xing anzumelden, um Kontakte zu knüpfen. Ich könnte auch mit den beiden Leuten reden, die ich in der Ausstellung getroffen habe. Der andere Weg, den ich einschlagen könnte, wäre, zu einem Unternehmen zu wechseln, das sich in diesem Bereich spezialisiert hat oder mich innerhalb meiner Firma zu verändern.

- Abläufe:

  Mein Zeitmanagement muss sich verbessern, da ich die Arbeit, mein Privatleben, das Studium und die Suche nach einem neuen Job gleichzeitig bewältigen muss. Vermutlich muss ich bestimmte Tage festlegen, an denen ich meine Hausaufgaben mache. Muss auch mehr Zeit für meine Partnerin erübrigen, um unsere Beziehung intakt zu halten. Vielleicht sollte ich meine

Termine im Voraus planen. Da der Kurs in Module aufgeteilt ist, kann ich am Ende eines jeden Moduls zurückblicken und einschätzen, wie alles verläuft, mir eine Atempause nehmen und dann für das nächste Modul planen. Neben dem Studium muss ich ein Auge auf interessante Jobmöglichkeiten werfen – ich will nichts verpassen, nur weil ich zu beschäftigt bin.

38

Übung 38: Checkliste zur beruflichen Entscheidungsfindung

Bevor Sie endgültig die Entscheidung über Ihre Karriereoptionen und Ziele fällen, sollten wir sicherstellen, dass Sie die folgenden Punkte auf Ihrer Checkliste abhaken können.

■ Sie haben...	Ja
die verschiedenen Möglichkeiten bedacht bevor Sie Ihre Entscheidung gefällt haben	❑
genau recherchiert, was die neue Stelle beinhaltet	❑
mit Leuten gesprochen, die in Ihrem zukünftigen Arbeitsbereich arbeiten	❑
sich Stellenanzeigen für ähnliche Stellen angesehen	❑
Lücken aufgedeckt und überlegt, wie Sie diese füllen können	❑
die Gehaltsaussichten recherchiert	❑
mit Personalberatern/Arbeitgebern geredet, die neue Mitarbeiter für diese Stellen suchen	❑
alle persönlichen Faktoren bedacht, die Einfluss haben könnten	❑
die Vor- und Nachteile dieser Möglichkeit gegeneinander abgewogen.	❑

Übung 39: Meine Karriereentscheidung: Was ist mein Ziel?

39

Wir haben uns Ihre Optionen angesehen, recherchiert und sie dann bewertet, um Ihnen bei Ihrem nächsten Karriereschritt und Ihren Zielen zu helfen.

Wir haben Ihre bevorzugte Option einem harten Test unterzogen, um sicherzustellen, dass sie, soweit wir das beurteilen können, realistisch und machbar für Sie ist.

Einige Optionen, die Sie in Erwägung gezogen haben, werden kurzfristige Ziele darstellen, wohingegen andere nur auf lange Sicht zu erreichen sind. Es ist wichtig, das im Hinterkopf zu behalten, da diese in Ihrem Karriere-Maßnahmenplan, den wir in Teil 7 erarbeiten werden, eingebaut werden.

Wenn Sie sich im Klaren über Ihre Entscheidung sind, schreiben Sie sie auf. Beziehen Sie auch Ihre unmittelbaren und längerfristigen Ziele mit ein.

- Ich entscheide mich…

Beispiel von Niklas

- Ich entscheide mich:
- *das Studium zu beginnen, auch wenn ich es selbst finanzieren muss*
- *den Kurs dafür zu benutzen, meine Beschäftigungsfähigkeit in dieser Branche zu erhöhen*
- *Zeit für meine Partnerin zu schaffen, während ich studiere*
- *meine Spezialisierung in diesem Bereich so weit zu erhöhen, dass ich als Experte gelte*
- *nach einem neuen Job in dieser Branche zu sehen*

TIPP

Diese Übung hilft Ihnen auch dabei, Ihre Karriereziele auf S.292 einzutragen, und wir werden wieder darauf zurückkommen, wenn wir Ihren Karriere-Maßnahmenplan in Kapitel 7.1 zusammenstellen.

Rückblick auf Ihre Entscheidung

In Teil 5 haben wir uns detailliert Ihre Möglichkeiten angesehen, Jobideen entwickelt und Ihnen dabei geholfen, gute und ausgeglichene Entscheidungen zu fällen. Das war der Punkt, an dem Ihre Selbstforschung, Ihr Wissen und Ihr Verständnis für Ihr Karrierekapital und Ihr berufliches Streben mit der Realität des Arbeitsmarktes konfrontiert wurden.

Diese Phase kann gleichermaßen vertrauensbildend als auch unangenehm sein. Einerseits ist es ungemein motivierend, sich Möglichkeiten zu erschließen, die Ihren Stärken und Karrierewünschen gleichermaßen gerecht werden. Gleichzeitig geht das allerdings mit der Einsicht einher, dass jetzt erst die praktischen Herausforderungen beginnen.

Wenn Sie aus irgendeinem Grund immer noch keine klare Entscheidung gefasst haben, könnte es sein, dass Sie noch weitere Recherchen und Forschungen betreiben müssen. Alternativ könnte das auch an einer Karriereblockade liegen. Diese kann aus einem internen Widerstand heraus entstehen, vielleicht weil Sie nicht genug Selbstvertrauen aufbringen können, oder aus technischen Schwierigkeiten heraus, um die Sie im Moment einfach keinen Weg herum finden, wie z.B. finanzielle Probleme. In Kapitel 6.1 werden wir uns diesen Blockaden genauer widmen. Wenn das auf Sie zutrifft, kann es nützlich sein, wenn Sie schon vorauslesen und dann wieder zu diesem Abschnitt zurückkehren.

TIPP

Wenn Sie mit irgendeinem Teil dieses Coaching Prozesses Probleme haben, dann zermartern Sie sich nicht das Hirn – fragen Sie einfach nach Hilfe! Sie können dann entweder mit Freunden darüber sprechen oder Hilfe von einem professionellen Karrierecoach suchen. Wenn Sie in einer Sackgasse stecken – machen Sie etwas dagegen und suchen Sie sich aktiv Hilfe.

Wenn Sie immer noch Schwierigkeiten bei der Entscheidungsfindung haben, schlage ich Ihnen vor, mit einem Karriereberater zu reden. Ein Karriereberater kann Ihnen nützliche Informationen und Denkanstöße geben. Die Palette des Angebotes reicht von Einzelterminen oder Telefonterminen bis hin zu langfristiger, tiefgründiger psychologischer Arbeit. Ein guter Berater hilft Ihnen bei Ihrer Selbsterforschung, geht mit Ihnen zusammen Ihre

Möglichkeiten durch, identifiziert und beseitigt mit Ihnen zusammen Karriereblockaden und unterstützt Sie bei der praktischen Jobsuche. Weitere Informationen finden Sie auf Seite 318 .

Wenn Sie allerdings glauben, dass Ihr Problem psychischer Natur sein könnte, dann finden Sie eine Liste mit nützlichen Quellen zur Selbsthilfe am Ende des Buches.

40

Übung 40: Reflexion zu Teil 5

Schauen Sie sich erneut folgende Übungen an:

- Übung 29: Karriere-Wunschliste (S.173)
- Übung 30: Visualisieren Sie Ihre Zukunft (S.176)
- Übung 31: Interessante Optionen (S.195)
- Übung 32: Ihre Ideen (S.203)
- Übung 33: Interpretation von Stellenanzeigen (S.209)
- Übung 34: Zusammenfassung Ihrer Jobrecherche (S.215)
- Übung 35: Vor- und Nachteile (S.221)
- Übung 36: Arbeitsblatt zur Entscheidungsfindung (S.223)
- Übung 37: Entscheidungsperspektiven (S.228)
- Übung 38: Checkliste zur beruflichen Entscheidungsfindung (S.232)
- Übung 39: Meine Karriereentscheidung: Was ist mein Ziel? (S.233)

Lassen Sie sich einige Minuten Zeit, um weitere Gedanken, Ideen oder Informationen, die zum Vorschein kamen, zu sammeln. Beispielsweise zu folgenden Fragen:

- *Was war in diesem Abschnitt für Sie hilfreich?*
- *Hat Ihre Entscheidung Sie überrascht oder war sie so zu erwarten?*
- *Welche Emotionen hatten Sie, als Sie an diesem Abschnitt gearbeitet haben?*
- *Weitere Kommentare*
- *Maßnahmen, die Sie ergreifen wollen*

Meine Reflexionen zu meinen Möglichkeiten und Entscheidungen

Maßnahmen

Beispiel von Andy

Ich war frustriert, weil ich mich nicht sofort kopfüber in meinen Wunschjob stürzen konnte. Die Personalverantwortlichen hatten einfach das Gefühl, dass ich nicht die nötige Erfahrung besaß, und hielten meine Bewerbung für Zeitverschwendung. Das hat mir einen schweren Schlag versetzt, aber es erklärt zumindest, warum ich nie in die engere Wahl kam.

Ich muss meine Karriere in kleinen Schritten angehen und kann nicht sofort den großen Sprung machen. Einige Leute haben mir geraten, mir erst das richtige Unternehmen zu suchen und mich dann innerhalb des Unternehmens in die gewünschte Richtung zu verändern. das hat bei ihnen funktioniert, und deswegen versuche ich das auch so. Während meiner Recherchen stieß ich allerdings auf andere Ideen, die interessant und vielleicht einfacher zu verwirklichen sind, also werde ich beide Möglichkeiten bedenken.

Beispiel: Andys` Maßnahmen

1. Ich muss die Stellen, für die ich mich bewerben könnte, und die für mich interessanten Unternehmen heraussuchen.
2. Ich muss über meine Kontakte herausfinden, welche Unternehmen ihre Mitarbeiter sehr flexibel einsetzen.
3. Muss mir einige der anderen Karriereideen genauer ansehen.

TIPP

Wir werden diese Reflexionsübung erneut benötigen, wenn wir in Übung 48 auf Seite 314 auf Ihr Karriere Coaching zurückblicken.

Teil 6

Setzen Sie Ihre Pläne in die Tat um

Jetzt, da Ihnen klar ist, welche Richtung Sie in beruflicher Hinsicht einschlagen wollen, ist es an der Zeit, die Maßnahmen-Phase einzuleiten.

Dieser Abschnitt ist den Strategien gewidmet, die Ihnen helfen sollen, Ihre Karriereziele auch zu erreichen. Er bietet Ihnen hilfreiche Quellen und wird einige der typischen Hindernisse genauer unter die Lupe nehmen.

In diesem Abschnitt werden wir:

- ✓ Steine wegschaffen, die Ihrem Karrierefortschritt im Weg liegen
- ✓ uns ansehen, wer Ihnen helfen kann, die Karriereleiter zu erklimmen
- ✓ die Kunst der Eigenwerbung vervollkommnen
- ✓ Tipps für Ihren Lebenslauf und Befragungstechniken sammeln

6.1 Was könnte Ihnen im Weg stehen?

Seien wir ehrlich: Wenn es so einfach wäre, die Karriere zu ändern und damit glücklich zu werden, dann wäre die Unzufriedenheit am Arbeitsplatz kein so weit verbreitetes Phänomen: Eine Stern-Umfrage aus dem Jahr 2011 ergab, dass nur etwa 40% aller Befragten mit ihren Job zufrieden waren.

Nehmen wir uns also einen Moment Zeit und betrachten wir die Herausforderungen, die Ihnen auf Ihrem Weg begegnen können.

Wenn Menschen versuchen, etwas an ihrer Karriere oder ihrem Arbeitsumfeld zu verändern, stoßen sie oft auf ganz typische Probleme. Diese Karriere Blockaden fallen meist in eine der folgenden zwei Kategorien:

1. **Externe Blockaden.** Diese sind meist praktischer Natur und sehr greifbar. Zum Beispiel weisen Ihre Qualifikationen oder Erfahrungen vielleicht Defizite auf, was dazu führt, dass Sie nicht in die engere Auswahl für Ihren Traumjob kommen. Es könnten aber auch persönliche Einschränkungen sein wie z.B. Ihre Arbeitsverfügbarkeit oder familiäre Verpflichtungen, die Ihre Reisemöglichkeiten einschränken.
2. **Interne Blockaden.** Diese sind meist psychischer Natur und können stark genug sein, um selbst die besten Karrierepläne zu ruinieren. Solche Blockaden resultieren oft in tief verwurzelten Problemen wie geringem Selbstwertgefühl, der Angst vor einem Kontrollverlust oder einer sehr geringen Risikobereitschaft. Diese Ängste fallen den Menschen gerade erst auf, aber man kann sie bis in die früheste Kindheit zurückverfolgen.

Es ist normal, dass viele Leute interne mit externen Blockaden oder andersherum verwechseln. Wenn Sie eine vernünftige Lösung für eine externe Blockade dauernd mit „Ja, aber.." abschmettern, ist das ein Indikator für eine interne Blockade, die Sie davon abhält, Ihre Ziele zu erreichen.

Die häufigsten Karriereblockaden

Diese Liste ist sicher nicht vollständig, aber sie führt einige der häufigsten Blockaden auf, denen ich in meiner Arbeit als Coach begegnet bin:

Externe Blockaden:	Interne Blockaden:
Finanzieller Druck	Mangelnde Konzentration
Zu wenig Zeit	Geringes Selbstvertrauen
Starke Konkurrenz	Angst vor Veränderungen oder Verlust
Mangel an Informationen	Wenig Energie oder Motivation
Diskriminierung	Angst/Beklemmung
Lage/Standort	Schlechtes Durchsetzungsvermögen
Familiäre Verpflichtungen	Angst vor Fehlschlägen oder Zurückweisung
Mangel an erforderlichen Fähigkeiten oder Qualifikationen	Pessimismus
Mangel an Kontakten	Konfliktvermeidung
Problematische Erwerbsbiographie	Zu hohe Toleranzschwelle
Unzureichende Erfahrung	Introvertiertheit oder Schüchternheit gegenüber anderen
Sozialer Druck	Mangelnde Entscheidungsfreude
Schlechter Gesundheitszustand	Zu vorsichtig oder misstrauisch
	Zu spontan/impulsiv

41

Übung 41: Welche Karriereblockaden haben Sie?

1. Schreiben Sie unten all die Dinge auf, die Ihnen beim Erreichen Ihrer Karriereziele in die Quere kommen könnten.
2. Nutzen Sie die Stichworte aus obenstehender Liste. Vielleicht finden Sie auch folgende Fragen über Ihren Karrierefortschritt hilfreich:

- *Auf welche Probleme sind Sie in der Vergangenheit gestoßen?*
- *Was, falls es überhaupt etwas gibt, hat Sie zurückgehalten?*
- *Welche Schwierigkeiten sehen Sie für Ihre Zukunft?*

Dinge, die mir beim Erreichen meiner Karriereziele in die Quere kommen könnten:

Beispiel

Dinge, die mir beim Erreichen meiner Karriereziele in die Quere kommen könnten:

- *Genug Zeit zu finden, um etwas zu verändern – ich bin erschöpft, wenn ich nach Hause komme.*
- *Ich kann schlecht mit Zurückweisungen umgehen.*
- *Ich finde die Arbeitssuche stressig.*

Wenn Sie einmal Ihre Bedenken und Frustrationen beim Namen genannt haben, können wir gemeinsam darüber nachdenken, wie sie überwunden werden können.

TIPP

Wir werden uns diese Übung erneut ansehen, wenn wir die Zusammenfassung Ihrer Karriere auf Seite 310 erstellen

Nehmen Sie die häufigsten Karriereblockaden in Angriff

- *Ich mache mir Sorgen, dass ich scheitern werde und mich mit meinen Versuchen lächerlich mache.*

Viele Leute werden diese Blockade nachvollziehen können. Niemand macht sich gerne lächerlich oder scheitert gar. An sich ist das gar kein Problem – in der Tat ist es sogar ein großer Ansporn, um auf einen Erfolg hinzuarbeiten. Wenn allerdings die Angst vor Fehlschlägen wie eine große schwarze Wolke über Ihnen schwebt und dafür sorgt, dass Sie sich nicht von der Stelle bewegen, dann sollten wir uns Ihre größte Angst offen ansehen und feststellen, ob sie gerechtfertigt ist.

J. K. Rowling: „Ich war die größte Versagerin, die ich kannte... Es ist unmöglich, so zu leben, dass man nie Fehlschläge erleidet – es sei denn man lebt so vorsichtig, dass man genauso gut überhaupt nicht gelebt haben könnte – was in diesem Fall dann automatisch ein Fehlschlag ist."

Gibt es eigentlich Vorteile, wenn man etwas ausprobiert und dabei einen Fehlschlag erlitten hat?

Ohne die Erfahrung, die Sie aus Fehlschlägen gewinnen, könnten Sie nicht:

- aus Ihren Fehlern lernen – wissen, wie Sie es nächstes Mal besser machen sollen
- verstehen, wo Ihre Lücken sind
- Ihre Erfahrungen einem Realitätscheck unterwerfen
- wissen, welchen Notfallplan Sie nächstes Mal benötigen werden
- andere um Hilfe und Rat bitten
- das gute Gefühl haben, es wenigstens versucht zu haben.

WER HÄTTE ES GEDACHT?

- *Der Koch und Fernsehstar* **Jamie Oliver** *ging nach seinem GCSE (General Certificate of Secondary Education, entspricht Realschulabschluss) von der Schule ab.*
- **Richard Branson**, *einer der reichsten Menschen der Welt, hatte eine schlechte akademische Laufbahn aufgrund von Dyslexie.*
- **Simon Cowell**, *Musik- und Fernsehproduzent und Erfinder von „America / Britain's got Talent", der Vorlage von „Deutschland sucht den Superstar", war mit 30 Bankrott und lebte wieder bei seinen Eltern.*
- **Bill Gates**, *der „Vater" von Windows, brach sein Studium ab.*
- *Der Star-Basketballer* **Michael Jordan** *wurde aufgrund seiner Ungeschicktheit aus der Highschool-Basketballmannschaft geschmissen*
- *Der Filmregisseur und -produzent* **Steven Spielberg** *wurde von der University of Southern California für Filmwissenschaften insgesamt dreimal abgelehnt.*

In den meisten Fällen sind die Versagensängste überproportional groß im Vergleich mit den tatsächlichen Folgen, die ein echter Fehlschlag nach sich ziehen würde. Was würde passieren, wenn Sie bei Ihrer Bewerbung für eine Beförderung oder einen neuen Job keinen Erfolg haben? Nicht viel – Sie machen so weiter wie zuvor. Wenn Sie sich beruflich verändern würden, es aber nicht wie geplant klappen würde, was würden Sie dann tun?

- So schnell wie möglich einen neuen Job suchen und weitermachen.

Sie sollten sich auch von der Annahme lösen, dass keine Veränderung immer der sichere Weg ist. Das ist nicht immer der Fall. Wenn Ihr Job bedroht ist oder Sie unter dauerhaftem Stress stehen, dann wäre es viel riskanter, nichts zu tun – und zwar sowohl in beruflicher als auch gesundheitlicher Hinsicht. Wenn Sie denken, dass das eines Ihrer Probleme sein könnte, blättern Sie auf Seite 55. zurück, wo wir die Vor- und Nachteile davon, nichts an der jetzigen beruflichen Situation zu verändern, besprochen haben.

Ich würde es liebend gern machen, aber ich habe nicht das nötige Selbstvertrauen.

„Ganz gleich, ob Sie denken, Sie können etwas oder Sie können es nicht – Sie haben recht."
Henry Ford

Egal ob Sie Ihren Chef nach Karrieremöglichkeiten fragen oder einen potentiellen neuen Arbeitgeber bei Ihrem Vorstellungsgespräch beeindrucken wollen – Selbstvertrauen und Kompetenz auszustrahlen ist die Voraussetzung dafür, dass andere Sie ernst nehmen.

Allerdings gibt es nur sehr wenige Menschen, die von sich behaupten würden, völlig frei von Selbstzweifeln zu sein. Ich berate viele sehr erfolgreiche Menschen, die nach außen hin vor Selbstvertrauen nur so strotzen, die allerdings, wie die meisten anderen Menschen auch, häufig zweifeln, ob sie gut genug sind.

Folglich geht es nicht um die Tatsache, dass Sie Selbstzweifel haben. Das ist nur menschlich. Von Bedeutung ist aber, ob Sie sich von diesen Zweifeln aufhalten lassen.

Ich habe kürzlich mit einer sehr begabten Geschäftsführerin gearbeitet, die zusammen mit vielen ihrer Kollegen entlassen worden war. Sie hatte ein sehr geringes Selbstwertgefühl, aber in ihrem Unternehmen hielt man sehr viel von ihr und beförderte sie deshalb entsprechend. Sie erklärte sich ihren rasanten Aufstieg folgendermaßen: Ich habe viel härter gearbeitet als die anderen, damit sie bloß nicht herausfinden, wie unqualifiziert ich eigentlich bin.

Die Entlassung hätte, wenn man ihre Ängste bedenkt, eigentlich ihr schlimmster Albtraum sein müssen. Allerdings hatte sie innerhalb einer Woche zwei gute Jobangebote. „Ich hatte solche Angst, dass ich nie wieder Arbeit finden würde, dass ich schnell wie der Blitz nach einem neuen Job gesucht habe. Ich habe keinen Moment verschwendet – jeden angerufen, der mir einfiel, meinen Lebenslauf auf Vordermann gebracht, Gefälligkeiten eingefordert, mich vernetzt wie verrückt. Ich hatte Glück, es hat funktioniert!"

Natürlich war das kein Glück. Sie ist das klassische Beispiel für jemanden, der wenig Selbstvertrauen hat, aber durch seine Angst und seinen Pessimismus zu Höchstleistungen angetrieben wurde.

Wenn Sie denken, dass Ihnen Ihr mangelndes Selbstvertrauen im Weg steht, können Sie einige der folgenden Ideen ausprobieren.

„Selbst wer auf dem richtigen Weg ist, wird überfahren, wenn er stehen bleibt." - Will Rogers

Bauen Sie Ihr Selbstvertrauen auf!

1. Denken Sie an vergangene Erfolge. Sehen Sie sich Teil 3 nochmals an und erinnern Sie sich daran, was Sie schon alles geschafft haben, wo Sie erfolgreich waren und wo Ihre Stärken liegen. Schreiben Sie alle die netten Dinge, die andere über Sie gesagt haben, auf.
2. Verbringen Sie Zeit mit positiv denkenden Menschen, die Sie unterstützen, ermutigen und denen Ihre Interessen am Herzen liegen.
3. Erinnern Sie sich an das Bild Ihres idealen Arbeitstages (S. 177). Beschwören Sie das Bild so lebendig wie möglich in Ihrem Kopf herauf.

Denken Sie regelmäßig an dieses Bild, sodass Sie einen Überblick über Ihr Ziel haben.

4. Falls Ihr Selbstvertrauen zu stark geschädigt ist, zögern Sie nicht, sich professionelle Hilfe bei einem Psychotherapeuten zu suchen. Erster Ansprechpartner hierfür ist Ihr Hausarzt.
5. Machen Sie Sport und ernähren Sie sich gesund. Sport steigert Ihr allgemeines Wohlbefinden und macht Ihren Kopf frei. Yoga, Meditation, aber auch schon ein kleiner Spaziergang helfen Ihnen, nervöse Energie abzubauen und Ängste zu verringern.
6. Frischen Sie Ihr Image auf. Ein neuer Haarschnitt oder ein Outfit, das elegant und modisch ist, geben Ihrem Selbstvertrauen Aufwind.
7. Experimentieren Sie mit neuen Ideen und Herangehensweisen in einer sicheren Umgebung. Wenn Sie z.B. Ihre Networking Fähigkeit üben wollen, fangen Sie damit bei Familie und Freunden an, gehen Sie dann auf entfernte Bekannte zu, und erst zum Schluss auf Fremde.

TIPP Denken Sie daran, dass die Angst vor irgendetwas meist viel schlimmer ist als die Realität. Versuchen Sie es. Sie werden es überleben!

■ Ich würde mich liebend gern beruflich verändern, aber ich kann es mir nicht leisten

Diese Karriereblockade kann eine Reihe von Formen annehmen wie z.B.:

- *Die Erwartung, dass die berufliche Veränderung mit geringerem Einkommen Hand in Hand geht.*
- *Die Angst davor, sich die Umschulung oder Ausbildung, die für die neue Stelle notwendig sind, nicht leisten zu können.*

- *Warten auf eine Bonuszahlung oder eine Abfindung, bevor man sich verändert.*
- *Fehlende finanzielle Rücklagen, um sich selbstständig zu machen.*
- *Der Glaube daran, dass Arbeitszufriedenheit ein Luxus und somit unrealistisch ist.*

Wenn Sie sich Sorgen um Ihre finanzielle Zukunft machen, ist es wichtig, dass Ihre Pläne auf konkreten Informationen anstatt bloßen Annahmen basieren. Setzen Sie sich hin und sehen Sie Ihre Finanzen durch, um Ihren tatsächlichen Bedarf an Geld zu ermitteln und festzustellen, ob vielleicht etwas Spielraum ist. Nehmen Sie finanzielle Beratung in Anspruch, wenn Sie sie brauchen. Oft verbrauchen wir einfach unser ganzes Budget, obwohl wir mit weniger Geld genauso über den Monat kämen. Gehen Sie also von Ihrem Mindestbedarf aus und nicht von Ihrem aktuellen Gehaltszettel. Berücksichtigen Sie auch die längerfristigen Auswirkungen: Gelangen Sie in der neuen Position schneller zu einer Gehaltserhöhung? Gibt es andere Vorteile wie etwa eine Betriebsrente, oder ist Ihr Weg zur Arbeit kürzer und damit auch billiger?

Gibt es eine Stelle, die Ihnen als Sprungbrett dienen kann und Sie auf den richtigen Weg bringt, die aber auch nahe genug an Ihrer jetzigen Stellung ist, sodass Sie mit einem ähnlich hohen Gehalt rechnen können? Häufig ist das eine praktikable Lösung. Ich erinnere mich z.B. an die Arbeit mit einem Rechtsanwalt, der verzweifelt versuchte, seinen Berufsstand zu verlassen und unternehmerisch Fuß zu fassen. Allerdings machte er sich Sorgen über die Gehaltseinbuße. Er nahm schließlich einen ähnlich gut bezahlten Job als Unternehmensberater an, bei dem ihm seine juristische Vorbildung zugute kam, denn die Hauptkunden waren Kanzleien und Rechtsfirmen.

Wenn die neue Stelle es verlangt und Sie eine kostenintensive Schulung oder sogar eine vollkommen neue Berufsausbildung absolvieren müssen, recherchieren Sie, ob es andere preiswertere Möglichkeiten gibt wie z.B. einen kürzeren Kurs oder eine Ausbildung am Arbeitsplatz. Können Sie die Schulung vielleicht in Form eines Abendkurses absolvieren, sodass Sie tagsüber weiterhin arbeiten und Geld nach Hause bringen können? Gibt es Studienkredite, die Ihnen bei der Finanzierung helfen könnten?

> **TIPP** Auf Seite 316 finden Sie eine Reihe von Webseiten, die Ihnen nähere Informationen zu Kursen und Schulungen bieten.

Im Falle einer drohenden Entlassung machen Sie sich über die Höhe einer potentiellen Abfindung kundig. Es könnte weniger sein als Sie denken, besonders wenn Sie nur für die gesetzliche Kündigungsabfindung anspruchsberechtigt sind. In diesem Fall könnte es für Sie besser sein, so bald wie möglich in einer neuen Anstellung anzufangen, anstatt eine Lücke in Ihrem Arbeitsleben zu riskieren, wenn Ihr Job endet.

> **TIPP** Auf der Seite des Bundesministeriums für Arbeit und Soziales www.bmas.de können Sie eine Broschüre zum geltenden Kündigungsschutz herunterladen.

Und wenn Sie sich liebend gern selbstständig machen würden, gibt es nur eine Möglichkeit herauszufinden, ob Sie es sich leisten können oder nicht: Entwickeln Sie einen vollständigen Businessplan, sodass Sie genau wissen, wie hoch Ihre Verbindlichkeiten und Risiken wären. Auf Seite 319. finden Sie einige Quellen, die hilfreich sein werden, wenn Sie Selbstständigkeit in Erwägung ziehen.

Wenn Sie sich durch Ihre finanzielle Lage blockiert fühlen, gibt es also vieles, was Sie dagegen unternehmen können. Es kann immer noch sein, dass sich Ihr Vorhaben als unrealistisch herausstellt. Hier allerdings noch etwas zum Nachdenken: Die finanzielle Blockade wird oft als externe Blockade dargestellt, obwohl sie manchmal mehr mit internen Faktoren wie z.B. der Angst vor Veränderungen zu tun hat.

TIPP

Stellen Sie sicher, dass Sie die Kalkulation gründlich durchgeführt und auch Ihre finanzielle Situation für den Fall eines Verbleibens in Ihrer aktuellen Position berechnet haben, bevor Sie entscheiden ob ein Stellenwechsel für Sie finanziell machbar ist oder nicht.

Ich habe einfach nicht die Zeit, mich auf meine Karriere zu konzentrieren – Ich bin zu beschäftigt damit, meine Arbeit zu machen.

Wenn Sie im Moment einen Job haben, ist es verständlich, dass Sie sich am Ende des Tages einfach nur entspannen wollen. Vielleicht müssen Sie auch das Abendessen vorbereiten, den Kindern bei den Hausaufgaben helfen oder ins Fitnessstudio gehen. Es gibt wahrscheinlich tausend Dinge, die Sie eher tun müssten, als Zeit auf die Veränderung Ihrer Karriere zu verwenden. Aber – wie auch sonst im Leben – Sie bekommen nur so viel zurück wie Sie auch zu investieren bereit sind, und wenn Sie etwas wirklich wollen, dann finden Sie Zeit dafür!

Cleveres Zeitmanagement ist besonders wichtig, wenn Ihr Job sehr anstrengend ist und Ihnen viel abverlangt. Sie müssen dann weiterhin gute Arbeit für Ihren Chef leisten, während Sie sich etwas Zeit freischaufeln, in der Sie an Ihrem beruflichen Fortschritt arbeiten.

Hier finden Sie einige Ideen dazu, wie Sie Ihre Zeitmanagement effektiver gestalten und die uralte Ausrede „Ich habe keine Zeit" entschärfen.

- *Erstellen Sie einen Zeitplan – orientieren Sie sich dabei an der Übung zum Karriere-Maßnahmenplan in Kapitel 7.1. Stellen Sie sich Aufgaben und Stichtage für deren Beendigung – und halten Sie sich daran.*
- *Reservieren Sie sich spezielle Zeiträume, in denen Sie sich der Arbeit an Ihrer Karriere widmen. Planen Sie z.B. die Montagabende für Recherche, den Email-Versand und das Feilen an Ihrem Lebenslauf ein.*
- *Delegieren Sie, wo es möglich ist und entscheiden Sie, welche Aufgaben warten können. Ihr Haus muss vielleicht geputzt werden, aber Sie könnten in derselben Zeit auch mehrere Bewerbungen abschicken.*
- *Stellen Sie Routineaufgaben zurück oder verkürzen Sie sie, aber nutzen Sie sie nicht als Ausrede.*
- *Nutzen Sie Ihre Mittagspause aus – treffen Sie Menschen, die Ihnen helfen können, oder rufen Sie in dieser Zeit potentielle Arbeitgeber an.*
- *Machen Sie keine Überstunden mehr – hören Sie pünktlich mit der Arbeit auf. Verschicken oder beantworten Sie am Wochenende oder abends keine Emails, es sei denn, sie sind wirklich dringend.*
- *Finden Sie Möglichkeiten auf der Arbeit, Ihre Entwicklung zu fördern und gleichzeitig Ihrer Firma etwas Gutes zu tun, z.B. Zeit, um diejenigen Beziehungen zu den Kunden und Lieferanten zu intensivieren, die potentielle zukünftige Arbeitgeber sein können.*
- *Melden Sie sich freiwillig, um auf Veranstaltungen oder Tagungen auszuhelfen, wo Sie andere Leute Ihrer Branche treffen können.*

TIPP

Die Übung zu Ihrem Karriere-Maßnahmenplan in Kapitel 7.1 bietet Ihnen einen Plan, den Sie benutzen können, um Ihre Aufgaben und Stichtage darin einzutragen.

In einer Gesellschaft, in der die Menschen länger und härter arbeiten als jemals zuvor, kann es wirklich schwierig sein, die Zeit zu finden, die Sie benötigen. Allerdings können Sie sich immer etwas Freiraum schaffen, wenn Sie wirklich wollen.

Wenn Sie oft „Ja, aber..." sagen, seien Sie lieber ehrlich. Dann hält Sie nicht das schwierige Zeitmanagement ab, sondern etwas anderes. Finden Sie heraus, was das wirklich ist – dann können Sie damit anfangen, das echte Problem zu lösen, nicht das vorgeschobene.

■ Ich besitze nicht die nötigen Informationen.

Wir leben in Zeiten, in denen wir schnellen und einfachen Zugang zu Informationen haben. Das Internet ist eine riesige Informationsquelle, und Sie müssen nur Stichworte in Ihren Computer oder in Ihr Handy eintippen, um etwas über Karrierechancen, spezifische Jobs, Schulungen, Strategien zur Arbeitssuche und Arbeitsmarkttrends herauszufinden.

Viele Möglichkeiten, um an Informationen heranzukommen, sind in Kapitel 5.4 skizziert – blättern Sie also zurück und stellen Sie sicher, dass Sie diese auch wirklich voll ausgeschöpft haben. Es kostet Zeit und Mühe die notwendigen Recherchen durchzuführen, darauf stellen Sie sich besser gleich ein. Sie müssen auch akzeptieren, dass Sie selbst mit den besten Informationen der Welt nicht alles wissen können. Sie können nur vorausschauen und raten, was nützlich ist.

Vielleicht machen Sie sich gar keine Sorgen über mangelnde Informationen, sondern tendieren eher zu einer internen Blockade wie z.B. geringer Risikobereitschaft. Denken Sie darüber nach, was emotional in Ihnen vorgeht, da das Problem vielleicht hier liegt.

■ Ich weiß, was ich tun will, aber mir fehlen die Fähigkeiten, Qualifikationen oder Erfahrungen, die ich brauche, um mit anderen in der Branche konkurrieren zu können.

Stellen Sie zuallererst sicher, was Sie wirklich brauchen, anstatt voreilig von ungesicherten Fakten auszugehen. Sehen Sie sich erneut Kapitel 5.4 an, um sicherzugehen, dass Sie die notwendigen Recherchen und den Realitätscheck absolviert haben, um zu einer Entscheidung zu kommen. Des Weiteren könnten Sie auch Folgendes tun:

- *Finden Sie über Xing Leute, die momentan in Ihrer Wunschposition arbeiten, und sehen Sie sich in deren Karriereverlauf an, wie sie in diese Position kamen.*
- *Fragen Sie Leute aus diesem Bereich, ob sie jemanden kennen, der als Quereinsteiger in diese Position kam.*
- *Wenn Sie eine bestimmte Qualifikation für den Job haben müssen, treffen Sie die notwendigen Vorkehrungen, diese zu erwerben, und schreiben Sie in Ihren Lebenslauf, dass Sie daran arbeiten. Das zeigt Ihr berufliches Engagement und versichert potentiellen Arbeitgebern, dass Sie Defizite überbrücken können.*
- *Wenn Sie Ihren jetzigen Arbeitgeber davon überzeugen können, dass die Fähigkeiten und Qualifikationen auch für Ihre jetzige Stelle von Vorteil wären, ist er vielleicht gewillt, Ihre Schulung zu finanzieren.*
- *Arrangieren Sie, dass Sie jemanden an seinem Arbeitsplatz begleiten dürfen, entweder durch einen schriftlichen Praktikumsvertrag oder eine zwanglose mündliche Vereinbarung. So oder so werden Sie Relevantes lernen und darüber in Ihrem Lebenslauf oder während eines Vorstellungsgespräches berichten können.*
- *Überlegen Sie, ob ein Ehrenamt sich dazu eignet, die Lücken zu schließen. Im Elternbeirat zu sitzen, Kassenwart eines Vereins zu sein oder eine*

Spendensammlung zu organisieren, bietet Ihnen sehr gute Möglichkeiten, um Ihre Personalführungskompetenz und Ihre Projektmanagementfähigkeit auszuweiten und Ihr Verständnis zu Themen wie Budgetierung, Strategieentwicklung und organisatorischer Kommunikation zu vertiefen.

Jonas: „Ich wollte von einer technisch-orientierten Position in eine leitende wechseln, hatte aber keinerlei Erfahrung im Bereich des Personalmanagements und der Planung. Ich trat dem Verwaltungsausschuss einer örtlichen Berufsfachschule bei und hatte mit verschiedenen Punkten von der Personalbeschaffung über Strategieentwicklung und Führungsaufgaben bis hin zu finanziellen Problemen zu tun. So konnte ich mich hervorragend weiterentwickeln. Meine Firma war so beeindruckt, dass sie mir eine schnelle Beförderung in eine leitende Funktion anboten. Sie schätzten meine Initiative und hielten es für einen ausreichenden Beweis für meine Managementfähigkeiten."

Wenn Sie alle obenstehenden Punkte durchgegangen sind und immer noch deutlich wird, dass Sie keine Chance haben, können Sie Folgendes versuchen:

- *Denken Sie über eine Stelle als Sprungbrett nach, die Ihrer jetzigen ähnlich ist, Sie aber näher an Ihre Traumposition bringt. Von dort aus können Sie dann Ihren nächsten Schritt planen.*
- *Akzeptieren Sie, dass diese Stelle für Sie außer Reichweite ist und konzentrieren Sie sich auf eine andere, die erreichbarer ist.*

■ Ich habe familiäre Verpflichtungen und bin mir nicht sicher, ob ich meiner Karriere die absolute Priorität einräumen kann

Wenn Ihre jetzige Stelle sich mit Ihrem Privatleben ergänzt, es Ihnen erlaubt, die Rechnungen zu zahlen, Ihnen soziale und finanzielle Sicherheit, Komfort und eine angemessene Work-Life-Balance bietet, dann entscheiden Sie sich vielleicht dafür, zu bleiben, wo Sie sind, auch wenn Ihr Job nicht perfekt ist. Und das ist vermutlich die richtige Entscheidung.

Allerdings könnte es dennoch dort draußen Möglichkeiten geben, die noch besser sind. Wenn Sie nicht danach suchen, woher sollen Sie das dann wissen?

Eine Beförderung bedeutet z.B. nicht zwangsläufig, dass Sie dann weniger Zeit für Ihre Familie haben. Oft haben Sie, je weiter Sie aufgestiegen sind, umso mehr Freiheit und Mitsprache bei der Gestaltung Ihres Terminplanes. Als Manager ist es einfacher, sich die Zeit für eine Schulaufführung freizunehmen, als in der Position einer Assistenz.

Wenn Sie sich auf der Arbeit nicht wohlfühlen, ist es grundlegend wichtig, etwas dagegen zu unternehmen.

Ich erinnere mich an ein Gespräch mit einem Assistenten eines Managers, der von seinem Chef tyrannisiert wurde. Obwohl der Chef ihm das leben zur Hölle machte, meinte der Assistent, an seiner derzeitigen Situation nichts ändern zu können, weil er auf das regelmäßige Einkommen angewiesen war. Was er allerdings nicht berücksichtigte, war, dass niemand – und schon gar nicht seine Familie – wollte, dass er in dieser Situation blieb. Er war in höchstem Maße interessant für den Arbeitsmarkt. Aber sein Selbstvertrauen war verpufft, er war außerordentlich gestresst und hatte jeden Glauben an sich selbst verloren, und so bemühte er sich nicht einmal um eine andere Stelle. Sein Plan war, den Kopf einzuziehen, die Zähne zusammenzubeißen und es einfach auszuhalten. Welch trostlose Aussichten – zu wissen, dass sein Selbstvertrauen um so tiefer sinken würde, je länger er dort blieb.

TIPP

Wenn Sie auf der Arbeit gemobbt oder tyrannisiert werden, kontaktieren Sie eine Mobbing-Beratungsstelle, wie sie beispielsweise von den Gewerkschaften oder karitativen Organisationen wie der Caritas unterhalten werden.

Es kann nie schaden, wenn Sie nach Jobs suchen, sich vernetzen und sich bemühen, Möglichkeiten zu schaffen. Wenn Sie tatsächlich einen Job angeboten bekommen, müssen Sie ihn ja nicht annehmen, wenn Sie nicht glauben, dass er der Richtige für Sie ist. Aber wenn Sie nicht anfangen zu suchen, werden Sie niemals wissen, ob es eine Stelle gibt, die Ihren momentanen familiären Umständen besser entspricht als Ihre jetzige.

■ Mein Alter spricht gegen mich – deswegen komme ich nie in die engere Wahl

Diskriminierung existiert. Oft sehr subtil und schwierig zu beweisen, aber es gibt zweifellos Fälle, bei denen Bewerber aufgrund der Vorurteile des Personalverantwortlichen abgelehnt werden.

Bei einem Seminar, das ich vor kurzem abgehalten habe, habe ich gefragt: „Wer glaubt, dass sein Alter bei der Jobwahl gegen ihn spricht?" Jeder einzelne Teilnehme hat sich gemeldet, vom 18-Jährigen bis zum 65-Jährigen. Auch die meisten meiner Klienten befürchten, dass ihr Alter im Wettbewerb um einen Job gegen sie spricht.

Viele der Menschen, die sich aufgrund von Alter, Geschlecht, ethnischer

Zugehörigkeit oder Behinderung diskriminiert fühlten, wurden allerdings meiner Erfahrung nach aus völlig anderen Gründen abgelehnt. Oftmals schafften sie es aufgrund von formalen Fehlern in ihrer Bewerbung oder aufgrund ihrer beruflichen Vergangenheit nicht in die engere Auswahl.

Kürzlich sprach ich mit einer 30-jährigen Frau. Sie nahm an, sie würde nie zu Vorstellungsgesprächen eingeladen, weil die Arbeitgeber befürchteten, sie würde bald schwanger werden und ausfallen. Das ist nicht auszuschließen – als ich aber ihren Lebenslauf ansah, wurde mir klar, dass potentielle Arbeitgeber wahrscheinlich auch wegen der vielen Rechtschreibfehler davon Abstand nahmen, sie einzuladen.

Bezüglich des Alters trifft allerdings zu, dass einige Branchen jugendorientierter sind als andere. Unternehmen, die sich auf den Umgang mit sozialen Medien und Webdesign spezialisiert haben, wählen bevorzugt jüngere Mitarbeiter. Natürlich ist es nicht ganz einfach, wenn Sie in ein Unternehmen wechseln, in dem alle Kollegen deutlich jünger sind als Sie. Im Großen und Ganzen allerdings werden Sie aufgrund der Beiträge, die Sie für die Firma leisten, eingestellt. Zeigen Sie der Personalabteilung, wie Sie den Unternehmenswert steigern können, und schon wird Ihr Alter irrelevant.

Wenn Sie keinen der Jobs bekommen haben, für die Sie geeignet waren, dann müssen Sie einen kritischen Blick auf Ihre Bewerbungen werfen und um ehrliches Feedback bitten. Ist es tatsächlich Ihr Alter? Oder haben Sie nur nicht gezeigt, dass Sie das bieten können, wonach Ihr Arbeitgeber sucht?

Stellen Sie sicher, dass Ihre Bewerbungen so gut sind wie irgend möglich und dass Sie Vorurteile, die mit Ihrem Alter verbunden sein können, aktiv aus dem Weg räumen. Wenn Sie z.B. ein reiferer Mitarbeiter sind, sorgen Sie dafür, dass Ihr Lebenslauf dynamisch wirkt. Zeigen Sie dass Sie auf dem neuesten Stand sind, dass Sie sich immer wieder neues Wissen angeeignet haben und dass Sie aktuelle Zertifikate oder Bescheinigungen vorweisen können. Dies ist die beste Möglichkeit, mit Diskriminierung umzugehen – indem Ihre Bewerbung jeder negativen Einschätzung den Nährboden entzieht.

Denken Sie daran, dass die Verschiebung des Renteneintrittsalters dafür sorgen wird, dass immer mehr Leute länger arbeiten und deswegen eine reifere Gesellschaft zur Norm werden wird.

■ Ich habe keine Netzwerk-Kontakte

Wenn Sie nicht in einem versiegelten Raum leben, lernen Sie unweigerlich Leute kennen, mit denen Sie sich ein Netzwerk aufbauen können.

Harald: „Ich kam beim Gassigehen mit einer anderen Hundebesitzerin ins Gespräch, und wir redeten über die Arbeit. Sie erzählte mir, dass ihr Mann gerade erst bei einer großen Fabrik im Ort zu arbeiten begonnen hätte, und dass dort noch viele Mitarbeiter gesucht würden. Ich reichte meine Bewerbung ein, und so bekam ich meinen Job."

Ihre erste Anlaufstation sind Ihre Familie und Freunde. In diese Gruppe fallen Ihre besten Kontakte und gleichzeitig vermutlich die am wenigsten genutzten, wenn es um das Netzwerken geht. Egal ob Sie ein Absolvent sind oder ein Arbeitssuchender der Generation 50+, Sie sollten all Ihre Familienangehörigen und Ihre Freunde fragen, ob sie Sie potentiellen Arbeitgebern vorstellen oder Ihnen Stellen empfehlen könnten. Sie wissen nicht, wen Ihre Familienangehörigen und Ihre Freunde kennen, wenn Sie sie nicht danach fragen. Sehen Sie in Kapitel 6.2 nach, wenn Sie mehr Informationen dazu erhalten wollen, wie Familie und Freunde Ihnen in beruflicher Hinsicht helfen können.) Denken Sie daran, dass darüber hinaus jeder, den Sie egal unter welchen Umständen kennenlernen, ein hilfreicher Kontakt sein könnte.

Einer meiner Klienten erzählte mir, dass er neulich auf den Zug wartete und dabei mit einem Mann ins Gespräch kam, den er als einen der Väter aus der Fußballmannschaft seines Sohnes erkannte. Sie kamen auf das Thema Arbeit zu sprechen, und der Mann bot ihm an, seinen Lebenslauf an den zuständigen Personaler weiterzugeben. Dieser Bekannte hat auf jeden Fall ein gutes Wort für meinen Klienten eingelegt, denn er wurde zu einem Gespräch eingeladen und anschließend eingestellt.

TIPP Übung 42 (Seite 271) wird Ihnen dabei helfen, eine Kontaktliste anzufertigen.

Besuchen Sie Tagungen, Interessensgemeinschaften und große Veranstaltungen Ihrer Branche, um dort Kontakte zu schließen.

Zu guter Letzt bieten die sozialen Medien uns vielfältige Möglichkeiten, uns zu vernetzen und online auszutauschen. Treten Sie Xing bei, um Ihr Geschäftsprofil online einzustellen und sich sowohl mit Leuten zu vernetzen, die Sie kennen, als auch mit neuen Kontakten, indem Sie relevanten Interessensgruppen beitreten. Facebook kann Ihnen helfen, mit der Familie und alten Freunden in Kontakt zu bleiben und bei ihnen zwanglos nach Rat und Informationen zu fragen.

TIPP Wenn Sie ein Profil bei Facebook haben, sorgen Sie dafür, dass Sie Privates von Unternehmerischem trennen.

Ich mache mir Sorgen, dass meine bisherige berufliche Karriere als negativ eingestuft wird

Es kann sein, dass Sie eine Reihe von befristeten Jobs hatten, eine Berufspause, eine Phase der Arbeitslosigkeit, oder dass Sie Ihren Job unter unglücklichen Umständen verließen. Die meisten Menschen haben den einen oder anderen Karriereknick erlebt.

Es gibt zwei Dinge, die Sie sich merken sollten. Als Erstes sollten Sie solche kritischen Themen eher herunterspielen, als die Aufmerksamkeit darauf zu lenken. Wenn Sie z.B. Ihren Lebenslauf so konzipieren, dass Ihre relevanten Fähigkeiten und Erfahrungen auf der ersten Seite erscheinen und Ihre Beschäftigungszeiten erst auf der zweiten Seite aufgelistet werden, wird die Sichtbarkeit von Karriereunregelmäßigkeiten reduziert, die in einem chronologisch geordneten Lebenslauf sofort ins Auge stechen würden.

Zweitens: potentielle Arbeitgeber werden entscheidend durch die Art beeinflusst, wie Sie über solche Probleme reden, und eher weniger durch die Probleme selbst. Widerstehen Sie der Versuchung, sich selbst zu rechtfertigen, indem Sie anderen die Schuld in die Schuhe schieben. Kandidaten, die vergangene Arbeitgeber kritisieren und diese für ihre Probleme verantwortlich machen, sind für Arbeitgeber unattraktiv, egal wie wahr diese Behauptungen sind.

Wenn Sie entlassen worden sind – wie viele Leute an irgendeinem Punkt in ihrer Laufbahn – reden Sie darüber, als wäre es eine notwendige Entscheidung des Unternehmens gewesen und nicht Ihre persönliche Tragödie. Wenn Sie nicht lange in einem Job gearbeitet haben, finden Sie eine nachvollziehbare positive Erklärung für Ihr Ausscheiden, wie z.B. eine neue Chance, die Sie unbedingt ergreifen mussten, anstatt darüber zu jammern, wie schrecklich die Stelle war.

In den meisten Werdegängen gibt es Höhen und Tiefen. Gehen Sie locker damit um, konzentrieren Sie sich auf die positiven Aspekte, und auch der potentielle Arbeitgeber wird ein positives Bild entwickeln.

■ Auf dem Arbeitsmarkt gibt es so viel Konkurrenz – ich werde niemals aus der Masse herausstechen können

Man kann nicht leugnen, dass der Arbeitsmarkt hart umkämpft ist und dass Ihr Traumjob auch von vielen anderen begehrt wird. Überraschenderweise beklagen sich viele Arbeitgeber darüber, nur wenige geeignete Bewerber zur Auswahl zu haben. Zum Teil liegt das an einem spürbaren Mangel an Fachkräften, besonders in einigen Branchen wie der Pflege, zum anderen Teil aber auch daran, dass viele Bewerber sich nicht so gut präsentieren, wie es nötig wäre. Darunter fallen z.B. Bewerbungen, die vor Fehlern nur so strotzen, ungeschicktes Verhalten während eines Bewerbungsgespräches oder falsche Vorstellungen von den Erwartungen des Arbeitgebers. In Kapitel 6.3 finden Sie Tipps dazu, wie Sie sich selbst perfekt verkaufen und wie Sie aus der Bewerbermasse herausstechen. Wo immer möglich, sollten Sie allerdings Hilfe und Feedback von professionellen Ratgebern in Anspruch nehmen.

TIPP

Eine Umfrage zum Thema Karrieremanagement ergab, dass 9 von 10 Lebensläufen, die uns von Befragten zugesandt wurden, fehlerhaft, inhaltlich schwach und insgesamt schlecht präsentiert waren.

6.2 Holen Sie sich Hilfe

In Kapitel 6.1 haben wir uns einige der häufigsten Karriereblockaden angesehen, die Sie auf Ihrem Weg bremsen können. Eines der hilfreichsten Mittel, um gegen diese Blockaden anzugehen, ist die Unterstützung der Familie.

Für viele Menschen ist es unangenehm, andere um Rat zu fragen. Wenn Sie allerdings freundlich sind, sich die Ratschläge zu Herzen nehmen und nicht die Zeit der Befragten verschwenden, sind die meisten Menschen nur allzu gern bereit, Ihnen zu helfen. Tatsächlich gehört das zu den Dingen, die Menschen am liebsten machen – anderen erzählen, wie sie sich verhalten sollen.

In diesem Kapitel sehen wir uns an, wer Ihnen helfen kann und wie. Sie werden auch Ihre eigene Kontaktliste mit Leuten entwickeln, deren Input Ihnen helfen kann, Ihre beruflichen Ziele zu erreichen (Übung 42).

■ Professionelle Karriere-Unterstützung

Die Zusammenarbeit mit einer Beraterfirma kann Ihnen nützen, weil ein guter Berater Ihnen ein ergänzendes Angebot zur Beschleunigung Ihrer Karriere machen kann. Dazu gehören z.B. eine Karriereanalyse, Arbeitsmarktrecherche, Hilfe bei der Erstellung Ihrer Bewerbungsunterlagen und Unterstützung bei der praktischen Umsetzung Ihrer Pläne. Wenn Sie bisher nur schwer an verwertbares Feedback kamen, zum Beispiel weil Sie in einer leitenden Position tätig sind, kann ein professioneller Coach Ihnen besser helfen, als Ihre Familie und Ihr Umfeld es vermag. Viele Menschen schätzen auch eine längerfristige Zusammenarbeit mit einem Berater und profitieren von der praktischen und emotionalen Unterstützung, die ihnen dadurch während einer Veränderung geboten wird.

In Deutschland gibt es keine Zulassungsvoraussetzungen für die Bezeichnung „Karriere Coach". Suchen Sie sich also Ihren Coach sorgfältig aus. Einige Anhaltspunkte gibt die Stiftung Warentest unter www.test.de unter dem Stichwort: Karriere Coaching: Hilfe auf dem Weg nach oben. Viele Firmen bieten auch einen kostenfreien Probetermin an: eine gute Möglichkeit für Sie, um mehr über die Firma, die Mitarbeiter und angebotenen Dienstleistungen herauszufinden. Seriöse Firmen bieten Ihnen immer schriftliche Informationen über die angebotenen Dienstleistungen und die Kosten an. Transparenz auf diesem Gebiet ist äußerst wichtig.

Familie und Freunde

Ihre Familie und Ihre Freunde werden Ihnen helfen wollen, aber manchmal nicht von selbst wissen, wie. Teilen Sie also ihren Lieben mit, was Sie in beruflicher Hinsicht als Nächstes erreichen wollen. Sie sind die besten Netzwerkkontakte, die Sie haben, aber vermutlich auch die am wenigstens genutzten.

TIPP Erzählen Sie Ihrer Familie und Ihren Freunden, wonach Sie suchen. Gehen Sie nicht davon aus, dass sie es von vorneherein wissen.

Ich habe vor kurzem mit einer Absolventin geredet, die für den staatlichen Gesundheitsdienst arbeiten wollte, aber Schwierigkeiten hatte, dort einen Fuß in die Tür zu bekommen. Ich fragte sie, ob sie Kontakt zu jemandem hätte, der in diesem Bereich arbeitet. „Nur meine Schwester", sagte sie als ob das nicht zählen würde. Sie folgte meinem Ratschlag, bat ihre Schwester, ein gutes Wort für sie bei der Personalabteilung einzulegen, und ihr wurde ein Praktikum angeboten, aufgrund dessen sie in das Absolventen-

Ausbildungsprogramm des NHS (National Health Service) aufgenommen wurde.

Ihre Lieben können Ihnen auch bei praktischen Aufgaben helfen, indem sie z.B. Ihren Lebenslauf auf Fehler prüfen oder Ihr Outfit für ein Bewerbungsgespräch aussuchen. Eine Karriereveränderung kann psychisch viel von Ihnen verlangen, also seien Sie offen und ehrlich zu ihnen und sagen sie deutlich, welche emotionale Unterstützung Sie hilfreich finden und was Ihre Umgebung dazu beitragen kann, um Ihr Selbstvertrauen zu stärken.

Wenn Sie einen Partner haben, dann bedenken Sie, dass dieser genauso wie Sie über Ihre Karrieresituation beunruhigt ist oder auch eigene Karriereprobleme hat, die er zu lösen versucht. Je besser Sie sich gegenseitig unterstützen, desto besser werden Sie beide gerüstet sein, um mit emotionalen Höhen und Tiefen klarzukommen.

Ihr Chef

Hoffentlich haben Sie inzwischen Feedback von Ihrem Chef/Abteilungsleiter oder einem Ex-Chef bekommen, den Sie im Rahmen der 360-Grad-Feedback-Übung befragt haben. Falls nicht, fragen Sie vorsichtig nach, zeigen Sie Verständnis für die vermutlich angespannte Arbeitssituation Ihres Chefs oder Ex-Chefs; machen Sie aber deutlich, dass Sie sich eine Antwort oder zumindest eine klare Absage wünschen.

Mit Ihrem aktuellen Chef können Sie einen gesonderten Termin vereinbaren, um über Ihre berufliche Entwicklung zu sprechen.

Betonen Sie, dass Sie über Ihre Karriere sprechen möchten, weil Sie Ihre Leistung verbessern und zukünftig Fortschritte machen wollen und dass sie deswegen sein Feedback und seinen Rat begrüßen würden.

TIPP Wenn Sie Ihrem Arbeitgeber zeigen, dass Sie im Hinblick auf Ihre berufliche Karriere vorausschauend handeln, wird er Sie wahrscheinlicher für eine Beförderung vormerken.

Teilen Sie ihm mit, an welcher Stelle bzw. in welcher Funktion Sie sich zukünftig sehen und welche persönlichen Ziele Sie sich gesetzt haben. Fragen Sie nach seinem Rat, wie Sie dorthin gelangen könnten. Legen Sie sich vor dem Termin einige Vorschläge und Ideen bereit, die Sie präsentieren können. Beispielsweise können Sie anbieten:

- *den Betrieb bei Auslandsveranstaltungen zu repräsentieren*
- *mehr Zeit auf die Verbesserung der Beziehung zu Kunden und Lieferanten zu verwenden*
- *einen Forschungsbericht zu schreiben*
- *ein Praktikum in einer anderen Abteilung zu machen, um den eigenen Arbeitshorizont zu erweitern*

Wenn Sie zeigen können, dass Ihre berufliche Entwicklung auch für das Unternehmen von Vorteil ist – entweder weil Sie dadurch in Ihrem jetzigen Job erfolgreicher sind oder weil Sie sich auf eine Beförderung vorbereiten – dann wird Ihr Chef Sie auch bereitwillig unterstützen.

TIPP

Wenn Sie mit dem Gedanken spielen, das Unternehmen zu verlassen, dann behalten Sie das besser für sich. Wenn etwas davon nach außen dringt und Sie dann den Absprung, aus welchen Gründen auch immer, doch nicht schaffen, ist der angerichtete Schaden groß.

Die Personalabteilung

Wenn Ihr Unternehmen über eine Personalabteilung verfügt, vereinbaren Sie einen Termin, um über Ihre beruflichen Entwicklungschancen innerhalb des Unternehmens zu sprechen. Vielleicht gibt es Stellen, die demnächst frei werden und intern besetzt werden können. Dieser „kurze Dienstweg" verschafft Ihnen einen Vorteil gegenüber Bewerbern, die von außen kommen.

TIPP

Es ist nicht die Aufgabe der Personalabteilung, Ihre Karriere zu betreuen: das fällt Ihnen zu! Aber es kann sich als nützlich und hilfreich erweisen, wenn Sie mit den Personalverantwortlichen Ihres Unternehmens sprechen.

Selbst wenn es keine geeigneten freien Stellen gibt, kann Ihnen die Personalabteilung eventuell Weiterentwicklungsmöglichkeiten vorschlagen, die Sie Ihren Karrierezielen näher bringen. Viele große Unternehmen haben einen speziellen Talentpool für Schnellaufsteiger. Finden Sie heraus, ob in Ihrem Unternehmen etwas Entsprechendes existiert und was Sie tun müssen, um dafür ausgewählt zu werden.

Weitere Aufstiegsmöglichkeiten wären z.B.:

- *interne und externe Schulungen*
- *vorübergehende Versetzung*
- *freiwillige Mitarbeit in einer Projektgruppe*
- *einen Mentor haben oder Mentor für andere Mitarbeiter sein*
- *computergestützte Lernprogramme*
- *Organisation einer Firmenveranstaltung*
- *Einarbeitung neuer Mitarbeiter*

Wenn Ihr Unternehmen keine Personalabteilung hat, wird diese Diskussion wahrscheinlich zwischen Ihrem Chef und Ihnen oder einem anderen Mitglieder der Abteilungsleitung, zu dessen Aufgaben das Personalwesen zählt, stattfinden.

TIPP

Denken Sie daran: Egal mit wem Sie über Ihre Karriereentwicklung reden, fragen Sie um Rat, bringen Sie aber in jedem Fall eigene Ideen ein. Wenn Ihre Ideen kostengünstig und einfach umzusetzen sind und Sie anbieten, die durch Ihre Weiterbildung verlorene Zeit aufzuholen, steigen die Chancen, dass Ihr Arbeitgeber dem zustimmt.

■ Kollegen

Wenn Sie für ein großes Unternehmen arbeiten, versuchen Sie ein möglichst verzweigtes Kontaktnetzwerk innerhalb des Unternehmens aufzubauen. Verabreden Sie sich in der Mittagspause oder während der Kaffeepause mit Kollegen aus anderen Bereichen, um herauszufinden, was in deren Abteilung vor sich geht. Das sorgt bei Ihnen für eine neue Perspektive und steigert Ihre Chancen auf neue Jobmöglichkeiten.

Seien Sie allerdings vorsichtig und legen nicht zu viel Vertrauen in die Kollegen, besonders wenn sich Ihre Karriereziele auf sie oder das Unternehmen auswirken könnten. Manchmal ist es ratsam, diskret zu sein, anstatt alles zu offen auszuplaudern.

■ Kunden und Lieferanten

Im Verlauf Ihrer Arbeit kommen Sie mit vielen außerbetrieblichen Leuten in Kontakt. Denken Sie an all die Leute, mit denen Sie täglich interagieren. So mancher Angestellte hat die Seiten gewechselt, um für ein Unternehmen zu arbeiten, das anfänglich sein Kunde war. Wenn Sie eine gute geschäftliche Beziehung zu einer externen Firma haben, sieht diese Sie als potentiellen guten Mitarbeiter für sich selbst. Diese Situation erfordert geschicktes Agieren, da Sie das Verhältnis weder zu Ihrem Unternehmen noch zu dem Kunden gefährden wollen.

Anita: „Als ich meinen Job verlor, kontaktierte ich einen der Lieferanten, mit denen ich zusammengearbeitet hatte. Ich war ein knallharter Verhandlungspartner und dachte mir, dass sie mich gerne auf ihrer Seite haben würden. Ich lag richtig!"

TIPP

Wenn Sie am Ende tatsächlich für eine Firma arbeiten, die Kontakt zu Ihrer ursprünglichen hat, versichern Sie beiden Unternehmen, dass Sie keine sensiblen Informationen ausplaudern werden und betonen Sie, dass Ihr Ziel ist, Ihr Wissen, das Sie aus der Arbeit im vorherigen Unternehmen gewonnen haben, benutzen wollen, um die Beziehung zwischen beiden zu intensivieren.

■ Professionelle Foren

Heike: „Ich habe meinen letzten Job als Folge einer beiläufigen Unterhaltung während der Kaffeepause mit jemandem, der sich als der Finanzdirektor einer Konkurrenzfirma herausstellte, bekommen."

Melden Sie sich freiwillig für Außentermine, bei denen Sie das Unternehmen repräsentieren können und die Sie in Kontakt mit anderen Menschen und deren Unternehmen bringen. Dazu zählen z.B. Aushilfe an Ausstellungsständen, Teilnahme an Tagungen oder Berichterstattung von Branchenforen.

Einige der Hauptziele solcher Veranstaltungen sind das Networking, der Informationsaustausch, die Einschätzung der Konkurrenz und die Diskussion von unternehmerischen Herausforderungen. Tauschen Sie Visitenkarten aus, wo es geht, schreiben Sie im Anschluss eine Email – und nutzen Sie diese Kontakte, wo es angemessen ist.

Mentoren

Ein Mentor ist ein Kollege aus Ihrer Branche, der schon länger dort arbeitet und eine höhere Position inne hat als Sie und Sie an seinem Wissen und seiner Erfahrung teilhaben lassen will. Eine solche Beziehung kann besonders nützlich sein, wenn Sie auf eine Beförderung hinarbeiten oder wenn Sie in einem neuen Job Feedback erhalten wollen.

„Ein Mentor ist ein erfahrener Mensch, der sein Wissen gerne in einem gegenseitigen Vertrauensverhältnis mit jemandem teilt, der unerfahrener ist." - David Clutterbuck

Vielleicht gibt es schon jemanden, der Ihnen als Mentor zur Seite stand. Das könnte ein ehemaliger Abteilungsleiter, Kollege oder Freund der Familie sein, dessen Rat Sie schon immer geschätzt haben.

Wenn Sie im Moment keinen solchen Mentor haben, sollten Sie darüber nachdenken, wer in beruflicher Hinsicht gut als solcher Resonanzpartner geeignet wäre. Es kann eine vollkommen zwanglose freundschaftliche Beziehung sein, in der Sie gelegentlich zusammen Mittagessen gehen; oder Sie können, wenn Ihr Mentor damit einverstanden ist, reguläre Treffen vereinbaren. Da diese Beziehung allerdings allgemein gehalten und unbezahlt ist, müssen Sie darauf achten, wie viel Zeit Ihr Mentor auf seine Aufgabe verwenden will. Wenn Sie eine formellere Mentorenbeziehung haben wollen, ist zu empfehlen, dass Sie von Anfang an die Erwartungen klarstellen.

TIPP

Die meisten großen Unternehmen wie z.B. IBM Deutschland haben seit einigen Jahren das Mentoring für sich entdeckt.

Mentorenprogramme zielen häufig auf spezifische Personengruppen wie z.B. Auszubildende oder neu qualifizierte Nachwuchskräfte in einer bestimmten Branche ab. Suchen Sie Im Internet nach Mentorenprogrammen, die für Sie geeignet sind.

Tipps für die Arbeit mit einem Mentor

- *Suchen Sie jemanden, von dem Sie denken, dass er Ihnen etwas beibringen kann.*
- *Einigen Sie sich darauf, was Sie beide in Ihrer Wechselbeziehung anbieten und herausziehen können.*
- *Setzen Sie klare Grenzen – z.B. bezüglich der Verfügbarkeit, Vertraulichkeit etc.*

TIPP

Sie sollten Ratschläge von Ihrem Mentor erwarten und kein Eingreifen in Ihre Karriere. Ihr Mentor wird Ihnen nicht die Arbeit abnehmen.

■ Vorbilder

„Wo Sie gerade stehen, muss nicht bestimmen, wo Sie enden. Sie schreiben Ihr eigenes Schicksal. Sie machen Ihre eigene Zukunft." - Barack Obama

In Teil 2 haben wir uns angesehen, welchen Einfluss Vorbilder auf Ihre persönliche und berufliche Entwicklung hatten. Vorbilder können immer noch hilfreich für Sie sein. Sie geben Ihnen Inspiration und praxisorientiertes Lernen gleichzeitig. Wenn Sie z.B. eine Unternehmerin sind, sollten Sie verfolgen, welche Fortschritte Frauen, wie z.B. erfolgreiche Unternehmensgründerinnen, in Ihrer Branche machen. Lesen Sie Artikel oder Bücher, die diese geschrieben haben. Gehen Sie zu öffentlichen Veranstaltungen, bei denen sie sprechen werden und reden Sie danach mit ihnen. Es ist immer nützlich, von anderen Menschen zu lernen, die eine ähnliche Herausforderung gemeistert haben.

Jetzt da Sie darüber nachgedacht haben, wer Ihnen helfen könnte, lassen Sie uns Ihre eigene Kontaktliste erstellen.

Übung 42: Ihre Kontaktliste

42

1. Schreiben Sie unten eine Liste all der Leute auf, die Ihnen mit Ratschlägen oder Feedback helfen können oder als potentielle Arbeitskontakte dienen. Wenn es bestimmte Personen gibt, an die Sie sich nicht wenden wollen, selbst wenn diese äußerst nützliche Kontakte haben, vielleicht weil Sie mit ihnen in der Vergangenheit keine guten Erfahrungen gemacht haben, dann lassen Sie sie außen vor. Wenn Sie allerdings in einem guten Verhältnis zu ihnen stehen – worauf warten Sie dann noch?
2. Markieren Sie diejenigen, die Ihnen am wahrscheinlichsten helfen werden, und reden Sie zuerst mit ihnen.

■ Ihre Liste

■ **Beispiel von Gregor**

Pete, Personalchef in seiner Firma, Vaters Firma, die ganzen Lieferanten, mit denen ich gearbeitet habe, Ex-Chef, alte Kollegen von Zenith Enterprises, mein Tutor aus der Schulung, Leute aus der Kirche, Personalchef, der mir diesen Job vermittelt hat, Schwägerin...

6.3 Die Kunst der Eigenwerbung

Wie auch immer Ihre Karriereziele und Bestrebungen auch sein mögen, Sie müssen auf jeden Fall lernen, wie Sie vor anderen positiv über sich selbst reden. Sie müssen dazu fähig sein, Leute in Ihrem jetzigen Unternehmen genauso zu beeindrucken wie zukünftige Arbeitgeber, Personalabteilungen und andere Kontakte aus Ihrem Arbeitsumfeld.

Das ist schwieriger als es aussieht. Von Kindheit an wird uns eingebläut, dass alles, was an Eigenwerbung grenzt, eingebildet und gesellschaftlich inakzeptabel ist. Wir sind es nicht gewohnt, vor anderen positiv über uns selbst zu reden, und viele Leute spüren deutliches Unbehagen, wenn sie sich selbst einem potentiellen Arbeitgeber verkaufen müssen.

Die Kunst der Eigenwerbung ist allerdings etwas, das Sie lernen müssen, bevor Sie berufliche Fortschritte machen können. Wenn Sie auf Jobsuche sind, werden vollkommen Fremde Ihnen detaillierte und ziemlich zudringliche Fragen über alle möglichen Aspekte Ihrer Fähigkeiten und Ihrer Persönlichkeit stellen. Anhand Ihrer Antworten und Ihrer Ausdrucksweise werden Sie daraufhin beurteilt. Sie bewerben sich auf den für Sie geeignetsten Job, aber Ihr Erfolg hängt von Ihrer Fähigkeit ab, sich selbst optimal zu verkaufen.

Dieses Kapitel befasst sich mit den wichtigsten Zutaten, die Sie benötigen, um eine erfolgreiche persönliche Verkaufs- und Marketingstrategie zu entwickeln.

Ihr Lebenslauf

Sie sollten immer einen aktuellen Lebenslauf zur Hand haben, der Sie als den perfekten Kandidaten für Ihre nächste Stelle darstellt und nicht nur eine Liste aller zuvor ausgeübten Jobs ist. Hier folgen einige Schlüsseltipps.

■ Recherche

Finden Sie so viel wie möglich über den Job, den Sie wollen, und die vom Arbeitgeber geforderten Voraussetzungen heraus. Studieren Sie Anzeigen und Berufsbeschreibungen, sprechen Sie mit Personalverantwortlichen oder Leuten, die in einer ähnlichen Position arbeiten, und fragen Sie sie danach, was einem Bewerber einen Wettbewerbsvorteil bringen könnte. (Blättern Sie zu Kapitel 5.4 zurück, um Ihre Erinnerung aufzufrischen.)

■ Übereinstimmung

Nutzen Sie die Informationen, die Sie aus Ihrer Recherche erhalten haben und zeigen Sie in Ihrem Lebenslauf, dass Sie die spezifischen Fähigkeiten, Erfahrungen und Qualifikationen haben, die für diese Stelle erforderlich sind. Stellen Sie sicher, dass diese Schlüsselaspekte auf der ersten halben Seite des Lebenslaufs auftauchen, sodass der Personalverantwortliche unmittelbar Ihre Eignung erkennen kann. Blättern Sie zurück zu Übung 33, in der es um die Interpretation von Stellenanzeigen geht.

■ Nachweise

Inhaltslose Behauptungen helfen Ihnen nicht. Sie müssen beweisen, dass Sie bieten können, wonach gesucht wird. Anstatt also in Ihrem Lebenslauf zu schreiben, dass Sie „gute Kommunikationsfähigkeiten" besitzen, sollten Sie ein Beispiel anführen, wo diese schon zum Einsatz kamen, wie z.B. „Weil ich dem Kunden technische Details verständlich erklären konnte, wurde ich ins Verkaufsteam berufen". Werfen Sie einen Blick auf Übung 13 und die Beurteilung Ihrer Fähigkeiten.

Sprache

Vermeiden Sie in Ihrem Lebenslauf lange Sätze und die Benutzung von Standardfloskeln („... war ich tätig“, „... war mein Aufgabengebiet...“) Verwenden Sie dynamische Verben wie „gestalten“, „leiten“, „bewirken“. Bauen Sie niemals Kritik an anderen Unternehmen ein, es sei denn, es war Ihre Aufgabe, den Fehler zu beheben.

Professionelle Präsentation

Die Präsentation muss den höchsten Standard aufweisen, das Layout muss einheitlich, attraktiv und einfach zu lesen sein. Rechtschreibung und Grammatik müssen Korrektur gelesen und gegengeprüft werden.

Format

Vermeiden Sie alles, was Ihren Lebenslauf unübersichtlich macht. Üblich ist die tabellarische Form, zunehmend auch rückläufig, also von der aktuellsten Stelle bis zurück zu Ihrer Ausbildung. Verzichten Sie auf schnörkelige Schriften oder andere Designelemente.

Zielgruppe

Stimmen Sie jeden Lebenslauf genau auf das jeweilige Unternehmen ab und heben Sie dabei die Dinge hervor, die für dieses am interessantesten sind. Das bedeutet, dass Sie auf der Basis Ihres Lebenslaufes individuelle Versionen davon für jede einzelne Bewerbung erstellen, optimiert in Bezug auf die Erwartungen des jeweiligen Wunsch-Arbeitgebers.

TIPP

Werfen Sie erneut einen Blick auf Teil 4, in dem wir uns Ihr Karrierekapital angesehen haben und auf die Aspekte, die für Ihren Wunschjob am relevantesten sind.

Anschreiben und Emails

Unterschätzen Sie nie den Einfluss eines Anschreibens oder einer Email, die Ihren Lebenslauf begleiten. Es kann Ihre Erfolgschancen positiv beeinflussen oder zunichte machen.

- *Fügen Sie immer ein Anschreiben oder eine Email bei, anstatt nur den Lebenslauf loszuschicken.*
- *Stellen Sie sicher, dass Sie den Namen des Adressaten richtig schreiben. Nichts irritiert Menschen so sehr, wie wenn ihr Name falsch geschrieben ist.*
- *Formulieren Sie im Anschreiben die Vorteile, die das Unternehmen davon hat, Sie zu einem Gespräch einzuladen. Machen Sie klar, wie Sie der Firma durch gesteigerten Profit, Effizienz, durch geschickte Problemlösungen oder die Bewältigung von Herausforderungen helfen können.*
- *Stellen Sie sicher, dass Rechtschreibung und Schriftbild zu 100% perfekt sind und professionell aussehen. Benutzen Sie für Bewerbungen auf dem Postweg nicht das billigste Papier, fügen Sie ein vorteilhaftes, aber professionelles Bewerbungsfoto bei und heften Sie alles in eine schlichte, aber hochwertige Mappe.*

■ Online-Werbung für Sie selbst

Auch wenn Sie ein Angestelltenverhältnis anstreben, sollten Sie eine Marketing- und PR-Kampagne durchführen, die der ähnelt, die Sie machen würden, wenn Sie selbstständig wären. Wenn Sie sich als Experte in Ihrer Arbeitsbereich positionieren wollen, oder einfach Ihre Sichtbarkeit in einem bestimmten Feld erhöhen wollen, dann schreiben Sie Artikel, bloggen Sie, twittern Sie und beteiligen Sie sich an Online-Diskussionen, das erweckt Interesse und macht Ihren Namen bekannt. Verbessern Sie Ihre PR, indem Sie regelmäßig über relevante Themen schreiben und so Ihre Online-Präsenz steigern, potentielle Arbeitgeber beeindrucken und Ihre Kontakte zu Leuten, die dieselben Interessensbereiche haben, ausbauen.

■ Xing

Wenn Sie das noch nicht getan haben, sollten Sie ein Profil auf www.xing.com erstellen. Recruiter und Personalverantwortliche suchen dort immer wieder nach geeigneten Kandidaten. Stellen Sie also sicher, dass Sie Ihre Qualifikationen optimal präsentieren.

Stellen Sie folgende Dinge auf Ihrem Profil sicher:

- *Sorgen Sie dafür, dass die Informationen mit Ihrem Lebenslauf übereinstimmen - falls dem nicht so ist, kommen Fragen über die Richtigkeit der gelieferten Informationen auf*
- *nehmen Sie ein professionelles Profilbild, am besten ein Bewerbungsfoto*
- *bitten Sie Leute, mit denen Sie gearbeitet haben, darum, Ihnen ein Empfehlungsschreiben zu verfassen und dieses auf Ihrem Profil zu posten. Sie können dort auch Präsentationen und Videos hochladen*
- *behandeln Sie Ihre Xing- Updates wie persönliche Pressemeldungen, aber*

sorgen Sie dafür, dass Sie sich auf Ihr Unternehmen und Ihre Arbeit konzentrieren - erzählen Sie also nichts vom letzten Urlaub oder der letzten Grillparty - es sei denn, Sie hätten dort eine Branchengröße getroffen

- *treten Sie Online-Diskussionsgruppen bei, um Ihre Sichtbarkeit zu steigern.*

TIPP

Sorgen Sie dafür, dass jegliche Online-Präsenz für Ihr Unternehmen angemessen ist. Arbeitgeber könnten nach Ihnen googeln, stellen Sie also sicher, dass alle online verfügbaren Informationen über Sie, Sie in einem attraktiven, positiven Licht darstellen.

Twitter

Erstellen Sie auf www.twitter.com einen Twitteraccount, um so die Sichtbarkeit in Ihrem Arbeitsbereich noch einmal zu erhöhen.

- *Schreiben Sie nur Tweets, die mit der Arbeit und beruflichen Erfolgen zu tun haben oder über beruflich interessante Aktivitäten berichten (interessante Veranstaltungen oder Fachtagungen beispielsweise). Ihre Tweets sollten Sie immer positiv und als Unternehmer darstellen.*
- *Vermeiden Sie Triviales oder alles, das potentielle Arbeitgeber nicht von Ihnen wissen sollen.*
- *Benutzen Sie Twitter dazu, um Leuten, die für Sie interessant sind, zu folgen und Zugriff auf Jobangebote zu bekommen, die über Twitter verbreitet werden.*

Webseite

Wenn Sie in einem kreativen Beruf tätig sind wie z.B. als Schriftsteller, Künstler, Webdesigner oder Konditor, dann sollten Sie eine Webseite haben, auf der Sie auch Beispiele Ihrer Arbeit zeigen können. Folgendes sollte auf Ihrer Webseite vorhanden sein:

- *detaillierte Informationen über Ihre Fähigkeiten und Erfahrung*
- *Projekte, an denen Sie arbeiten*
- *Erfolge*
- *Beispiele für Ihre Arbeit anhand von Fotos, pdf-Dateien oder Hyperlinks*
- *Empfehlungsschreiben von Kunden*
- *Kontaktinformationen.*

TIPP

Sie können Ihr Unternehmen kostenlos bei Google und anderen Online-Verzeichnissen auflisten lassen.

Elevator Pitch

Wenn Sie jemanden das erste Mal treffen, insbesondere wenn es im Umfeld Ihres Berufes stattfindet, werden Sie höchstwahrscheinlich nach Ihrer beruflichen Tätigkeit gefragt. Das ist Ihre Chance, klar und deutlich zu vermitteln, als was Sie arbeiten, aber auch, wohin Sie sich entwickeln möchten.

Eine solche Kurzzusammenfassung nennt man Aufzugspräsentation bzw. Elevator Pitch: Würde man den Gesprächspartner im Aufzug zwischen dem ersten und dem elften Stockwerk treffen, hätte man ca. 30 Sekunden, um die wichtigsten Informationen über sich selbst zu vermitteln. Länger soll Ihr Elevator Pitch auch nicht sein, wenn Sie Ihren Gesprächspartner auf einem Empfang oder einer Tagung treffen. Normalerweise ist das der Einstieg zu einem längeren Gespräch, in dem Sie mehr über Ihr Gegenüber erfragen, gemeinsame Interessen oder Verbindungen finden und feststellen können, wie Sie sich gegenseitig helfen könnten.

Die Schlüsselelemente Ihrer Aufzugspräsentation sind:

- *die Fähigkeiten und Erfahrungen, für die Sie bekannt sein wollen*
- *relevante Arbeitgeber, für die Sie gearbeitet haben, oder Projekte, an denen Sie arbeiten*
- *welchen Job Sie als Nächstes machen wollen, falls er sich für das Gespräch eignet*

Tragen Sie Ihr Elevator Pitch selbstbewusst und deutlich vor. So etwas schon im Voraus zu üben ist sehr hilfreich. Es an Bekannten auszuprobieren, hilft Ihnen dabei, die Ansprache zu verbessern. Je öfter Sie sie üben, desto sicherer und entspannter werden Sie, wenn Sie sie halten.

Warum ist das wichtig?

Die meisten Menschen reagieren unsicher, fast schon entschuldigend, wenn sie gebeten werden, ein paar Worte über sich selbst zu sagen. Sie spielen ihre Arbeit herunter, tun sie ab, als wäre sie nicht wichtig und nutzen diese Gelegenheit häufig, um sich über ihren Job zu beschweren. Sie vergeben damit eine Chance, zu zukünftigen Arbeitgebern oder Kunden Kontakte zu knüpfen. Wenn Sie Ihren Gesprächspartnern relevante Informationen liefern und positiv und voller Selbstvertrauen sind, steigen die Chancen, dass diese später einmal eine wie auch immer geartete Geschäftsbeziehung mit Ihnen eingehen wollen. Viele Klienten bitten mich nach Hilfe für solche Situationen. Das ist eines der wichtigsten Elemente Ihrer

> **TIPP**
> Denken Sie daran, dass jedes Gespräch gegenseitig ist: Zeigen Sie echtes Interesse an Ihrem Gegenüber und daran, was er tut, was seine Probleme sind, welche Leistungen oder Erfolge er erbracht hat, dann erwidert er meist das Interesse.

Karrierestrategie - dass Sie über sich selbst positiv reden können.

Vorstellungsgespräch

Ein Vorstellungsgespräch ist die ultimative Verkaufspräsentation. Sie haben die erste Hürde überwunden: offensichtlich kam Ihr Lebenslauf gut an und Ihnen wurde ein Vorstellungsgespräch angeboten. Jetzt sind Sie der Bewerber, der sich dem Arbeitgeber als geeignet für die freie Stelle verkaufen soll.

Vorbereitung auf das Vorstellungsgespräch

Sie brauchen gründliche Recherche und Vorbereitung, bevor Sie in das Vorstellungsgespräch gehen, wenn Sie die besten Chancen auf Erfolg haben wollen. Folgende Dinge sollten Sie in Ihre Recherchen einbauen:

- *die Jobdetails und die Auswahlkriterien*
- *Unternehmensfakten wie Größe, Umsatz, Marktanteil, Produktdaten, Standorte, aktuelle Pressemeldungen*
- *einen Blick auf die stärksten Konkurrenzunternehmen und wie diese im Vergleich dastehen*

- *Verständnis für die wesentlichen Herausforderungen und Trends der Branche*
- *informelle Recherche - indem Sie mit Leuten sprechen, die das Unternehmen kennen.*

Diese Recherche sorgt dafür, dass Sie kompetent darüber reden können, warum Sie sich für einen gute Partie für das Unternehmen halten. Es demonstriert auch Ihr lebhaftes Interesse und Ihren Enthusiasmus für den Job. Finden Sie heraus, welche Prioritäten das Unternehmen bei der Neueinstellung setzt, und denken Sie dann darüber nach, wie Sie davon überzeugen können, dass Sie diese Anforderungen erfüllen.

Wenn Sie glauben, dass ein Arbeitgeber nach einer Qualifikation sucht, die Sie nicht vorweisen können, dann ist es nicht klug, diese Tatsache zu ignorieren und einfach auf das Beste zu hoffen. Sorgen Sie lieber vor und denken Sie darüber nach, wie Sie direkt damit umgehen können.

Versuchen Sie z.B. Folgendes:

- *Lesen Sie einschlägige Literatur*
- *Finden Sie heraus, ob es Kurse gibt, die Ihnen dabei helfen, Wissenslücken zu schließen*
- *Versuchen Sie, erste Erfahrungen im Unternehmen zu sammeln*
- *Ziehen Sie Ihre übertragbaren oder komplementären Fähigkeiten hinzu: Wenn Sie z.B. nicht mit einem bestimmten Datenbanksystem vertraut sind, haben Sie vielleicht dennoch Erfahrungen mit ähnlichen Systemen gesammelt.*

Benutzen Sie im Vorstellungsgespräch Beispiele aus Ihrem Leben, um relevante Fähigkeiten und Erfahrungen zu unterstreichen. Denken Sie daran, dass – egal für welche Stelle Sie sich bewerben – die Arbeitgeber immer am meisten daran interessiert sind zu hören, wie Sie ein Unternehmen aufgewertet haben.

Blättern Sie zu Kapitel 3.2 zurück und sehen Sie sich die Übungen, die Sie gemacht haben, noch einmal an, um sich an einige Beispielsituationen Ihrer Karriere zu erinnern.

> **TIPP**
>
> Wenn Sie die Möglichkeit haben, im Vorfeld ein informelles Gespräch mit dem zuständigen Manager/Abteilungsleiter zu führen, dann nutzen Sie diese. Dann können Sie mehr darüber herausfinden, wie ebendieser die ausgeschriebene Stelle sieht. Sie werden manchmal feststellen, dass sich diese Ansichten seit Erstellung der Jobbeschreibung verändert haben. Des Weiteren haben Sie so die Chance, sich schon im Voraus als geeigneter Bewerber zu verkaufen.

Sein Sie beim Antworten vorsichtig, dass Sie sich nicht in zu vielen Details verheddern. Proben Sie Antworten zu den üblichen Fragen im Voraus laut und beschränken Sie sich auf zwei bis drei Sätze. Die Gesprächsleiter werden nach weiteren Informationen fragen, wenn Sie dies für notwendig halten.

■ Angemessenes Erscheinungsbild

Zu Recht oder zu Unrecht, Ihr Erscheinungsbild spielt im Berufsleben jedenfalls eine große Rolle - egal ob in Ihrem derzeitigen Job oder bei einem Vorstellungsgespräch. Es geht hier nicht um Schönheit: Es kommt darauf an, dass Ihr Erscheinungsbild den Erwartungen des Gegenübers an einen geeigneten Kandidaten entspricht.

Ihre Kleidungsauswahl ist ein einflussreiches Werkzeug, um andere von Ihren Fähigkeiten am Arbeitsplatz zu überzeugen. Auch wenn Sie in Ihrem jetzigen Unternehmen oder an einem neuen Arbeitsplatz ernst genommen werden wollen, wird das allgemein einfacher sein, wenn Sie sich an den Dresscode des Unternehmens anpassen. In einem auf Tradition bedachten Unternehmen ist das z.B. ein eleganter Nadelstreifenanzug, wohingegen es in der Kreativbranche eher modisch und im Trend liegende Kleidung sein wird. Wenn Sie auf den Dresscode achten, sind das leicht verdiente Pluspunkte im Unternehmen.

TIPP

Wenn Sie auf eine Beförderung aus sind, dann ziehen Sie sich so an, als wären Sie bereits höher aufgestiegen. So etwas hilft dabei, die Wahrnehmung der anderen Ihnen gegenüber positiv zu beeinflussen.

Ihr Karriere-Maßnahmenplan

Wir haben eine lange Selbstfindungs-Reise durch dieses Buch hinter uns gebracht und es ist jetzt an der Zeit, Ihre Recherchen zu nutzen und die Entscheidungen, die Sie gefällt haben, in die Tat umzusetzen. Wir werden genau aufzeichnen, was Sie tun müssen, um in Ihrer Karriere Fortschritte zu machen und Ihre Ziele zu erreichen. In den bisherigen Kapiteln dieses Buches haben wir Informationen gesammelt, die wir nun in Ihren Karriere-Maßnahmenplan, den wir in Kapitel 7.1 erstellen werden, einarbeiten werden.

Wir werden auch eine Karrierezusammenfassung erstellen, die auf den absolvierten Übungen basiert. Dieses Dokument bietet Ihnen dann einfach zugängliche Referenzen zu den wichtigsten Ergebnissen Ihres Karriere Coachings.

In diesem Abschnitt werden wir:

- ✓ Ihren Karriere-Maßnahmenplan entwickeln
- ✓ Auf das Karriere Coaching zurückblicken und zusammenfassen, was Sie daraus gelernt haben

7.1 Ihr Karriere-Maßnahmenplan

Sie wissen jetzt vielleicht genau, was Sie tun müssen, um in Ihrer Karriere voranzuschreiten und haben vielleicht schon die ersten Schritte unternommen. Das ist großartig!

Allerdings ist Ihre berufliche Karriere nichts, was man über Nacht oder innerhalb von ein paar Wochen reparieren kann. Man wird leicht abgelenkt, schiebt andere Dinge vor oder weicht vom Weg ab, wenn die Veränderungen nicht so schnell passieren, wie Sie es sich erhofft haben.

An diesem Punkt kann Ihnen ein schriftlich festgehaltener Maßnahmenplan wirklich helfen. Schreiben Sie als Erstes Ihre Ziele auf, das macht sie greifbar und deutlich, anstatt sie vage im Hinterkopf zu haben.

Zweitens wird Ihr Karriere-Maßnahmenplan Sie leiten, Ihnen sagen, wann Sie was tun müssen, Ihnen die Schritte skizzieren, die Sie unternehmen müssen, wenn Sie Ihre Ziele erreichen wollen. Sie können diese Maßnahmen dann in Ihrem Terminplan eintragen, anstatt in impulsiven Aktionsausbrüchen blind zu agieren.

Ihr Karriere-Maßnahmenplan wird sich ständig erweitern und muss regelmäßig überprüft werden – aber immerhin haben Sie so einen Plan und wissen, wo Sie hin wollen und wie Sie dahin kommen.

Ihr Maßnahmenplan basiert auf:

- *Übung 43: Ihre Karriereziele - Ihre langfristigen Ziele und die Zwischenziele*
- *Übung 44: Ihre Karriere-Aufgabenliste, auf den SMART Zielen basierend*
- *Übung 45: Ihr Karriere-Maßnahmenplan - mit Stichtagen.*

Wenn dieser Plan einmal steht, werden wir auf Ihr Karriere Coaching in Kapitel 7.2 zurückblicken und Ihre Karriere-Zusammenfassung erstellen.

43

Übung 43: Ihre Karriereziele

Wir beginnen Ihren Karriere-Maßnahmenplan mit einer Mindmap-Übung, wie sie das folgende Beispiel zeigt. Das Ziel hiervon ist es, viele Ideen zu entwickeln, die wir dann benutzen können, um einen formelleren Maßnahmenplan zu erstellen.

■ Beispiel

Im folgenden Beispiel steht der mittlere Kreis für Ihr übergreifendes Karriereziel, das im Zusammenhang mit Ihrer Karriereentscheidung aus Übung 39 (S.233) steht. Die kleineren Kreise repräsentieren die beruflichen Zwischenziele, die alle auf das Endziel hinarbeiten. Jeder der kleineren Kreise verzweigt sich dann in die Aufgaben, die unternommen werden müssen, wenn Sie das spezifische Zwischenziel erreichen wollen.

Nutzen wir also dieses Modell, um damit zu beginnen, über Ihre Karrierestrategie nachzudenken.

1. Schreiben Sie Ihr berufliches Hauptkarriereziel, das Sie in Übung 39 festgelegt haben, in den mittleren Kreis auf der folgenden Seite. Das könnte ein aktuelles Bedürfnis oder ein langfristiges Bestreben sein und sollte so klar und direkt formuliert sein wie möglich. Sehen Sie sich hierzu Übung 3 (Beurteilung der Work-Life-Balance, S.40), Übung 6 (Ich möchte…, S.58) und Übung 30 (Visualisieren Sie Ihre Zukunft, S.176) noch einmal an.
2. Bestimmen Sie Ihre kleineren Karriereziele, die Ihnen dabei helfen können, das Hauptziel zu erreichen. Beispielsweise:

- *Ziele zur persönlichen Weiterentwicklung – wie z.B. sich das nötige technische Wissen anzueignen*
- *Überbrückung von Qualifikations- oder Erfahrungslücken*
- *Veränderungen an Ihrer jetzigen Stelle vorzunehmen – wie z.B. Ihre Arbeitszufriedenheit zu erhöhen*

- *Sondierung des Arbeitsmarktes*
- *persönliche Ziele - wie z.B. die Work-Life-Balance.*

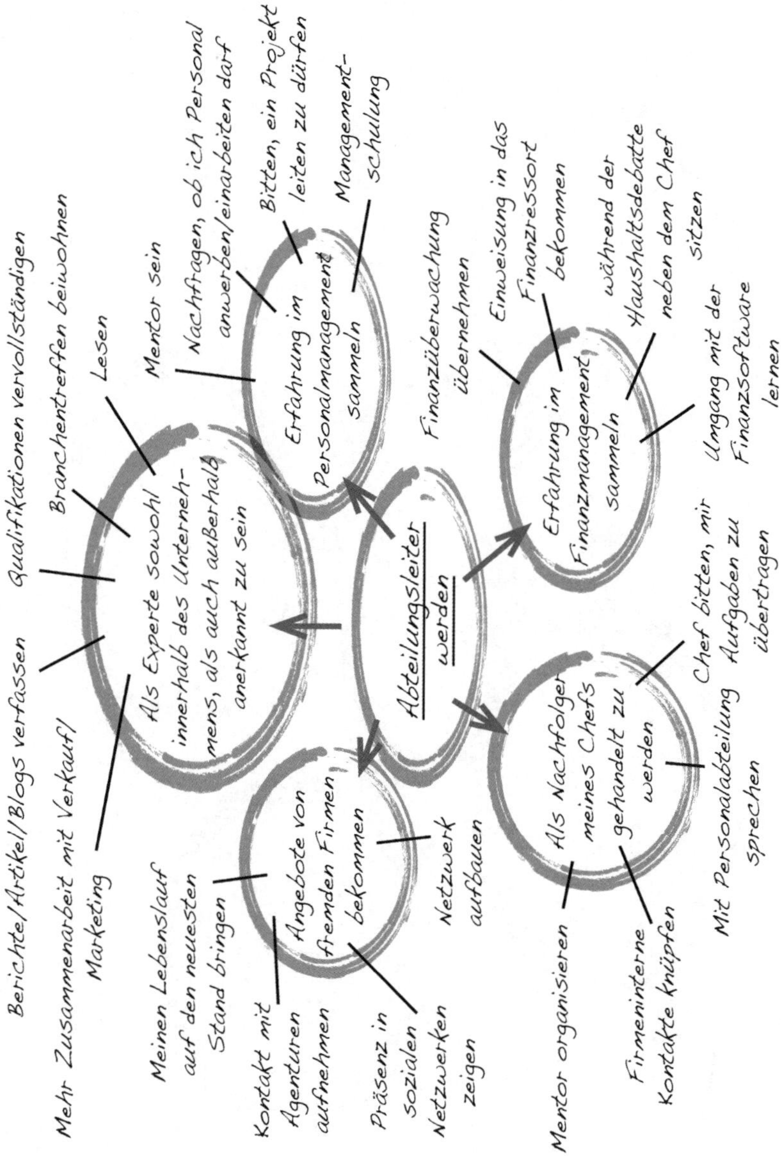

… und jetzt sind Sie dran:

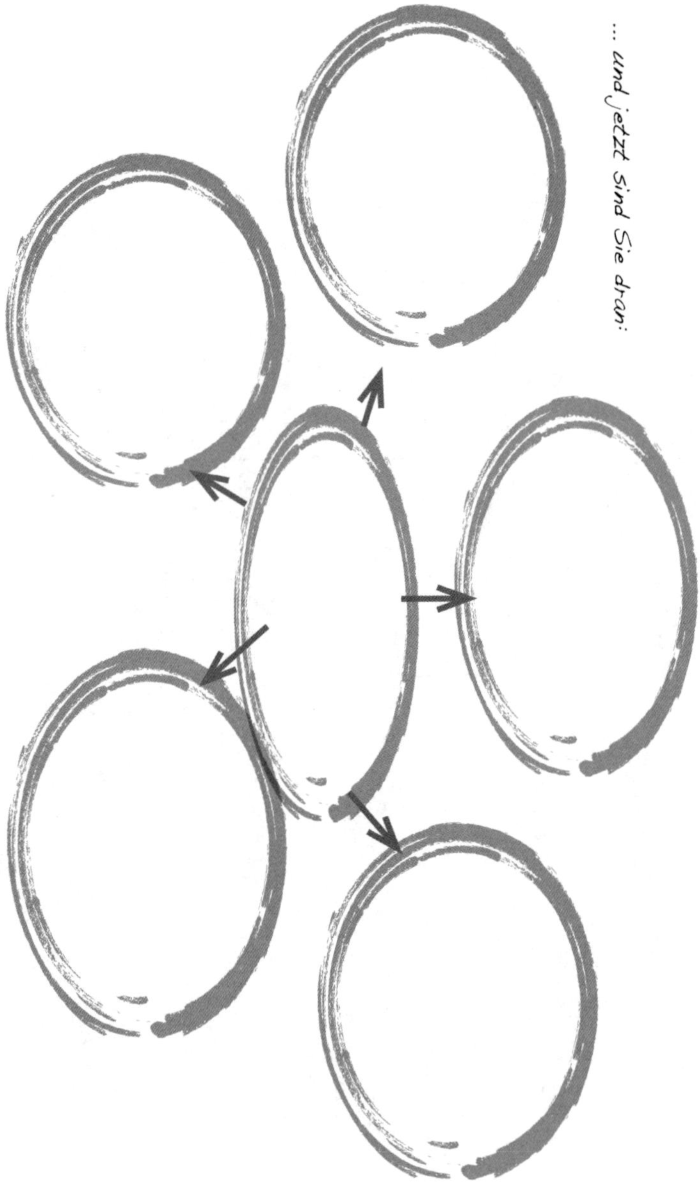

3. Fügen Sie so viele Karriereziele wie möglich in Ihr Diagramm ein, aber verwenden Sie mindestens vier. Sie können einen erneuten Blick auf die Maßnahmen-Abschnitte Ihrer Reflexionsübungen am Ende jedes Buchteils werfen, um sicherzugehen, dass Sie nichts vergessen.
4. Wenn Sie Ihre Karriereziele eingetragen haben, schreiben Sie alle praxisorientierten Aufgaben auf, die Sie unternehmen müssen, um diese Ziele zu erreichen. Fügen Sie so viele Vorschläge zu Ihrem Diagramm hinzu wie möglich. Sie sollten mindestens drei Aufgaben pro Ziel aufschreiben, können aber so viele wählen, wie Sie wollen. Sie können das später immer noch verändern.

TIPP Übertragen Sie Ihre Mindmap auf ein separates Blatt Papier, wenn Sie mehr Platz benötigen.

Im Anschluss finden Sie einige Ideen für Aufgaben, die Sie inspirieren sollen.

TIPP Sehen Sie sich die Maßnahmen in den Reflexionsübungen noch einmal an, um festzustellen, was sie verändern können.

Ideen für Ihren Karriere-Maßnahmenplan

Vorbereitungen, falls nötig	Wichtigkeit?
Die Computerausrüstung, Software, den Internetzugang, den ich brauche, besorgen	☐

▶▶

Mich versichern, dass die Mailbox auf meinem Handy aktiviert ist und die Ansage professionell klingt	❑
Einen festen Zeitpunkt/Tag festlegen, an dem ich an meinen Karrierezielen/meinem Plan arbeite	❑
Ein Dokument erstellen, um den Überblick über Bewerbungen und Vorstellungsgespräche zu behalten	❑
Einen elektronischen oder Taschenkalender benutzen, um mich an meine Karriereaufgaben zu erinnern	❑

Vorbereitung für den Arbeitsmarkt	**Wichtigkeit?**
Lebenslauf planen und dafür relevante Hilfe suchen	❑
Unabhängiges Feedback bekommen, um sicherzustellen, dass mein Lebenslauf optimal ist	❑
Über die verschiedenen Strategien zur Jobsuche (z.B. Anzeigen, Agenturen, direkte Herangehensweise) lesen	❑
Meine Aufzugspräsentation entwickeln, um mich Fremden vorstellen zu können	❑
Meine Vorstellungsgesprächstaktik üben und mir dazu Feedback einholen	❑
Telefongespräche mit Personalverantwortlichen einüben	❑
Ein passendes Outfit für Bewerbungsgespräche kaufen, zum Frisör gehen, mein Styling perfektionieren	❑
Visitenkarten erstellen	❑
Kontakt zu einer Personalvermittlung und zu Headhuntern aufnehmen und meinen Lebenslauf online posten	❑
Wöchentlich/monatlich für eine festgesetzte Anzahl an Jobs bewerben	❑

▶▶

Wöchentlich/monatlich eine bestimmtet Anzahl von Unternehmen aus eigenem Antrieb heraus kontaktieren	❑
Eine festgesetzte Anzahl an Networking-Treffen pro Woche/ Monat organisieren	❑
Die Lokalzeitung/ Fachzeitschriften lesen, um Unternehmen zu suchen, die meine Fähigkeiten benötigen	❑
Mein soziales Netzwerk/ sozialen Kontakte dazu anhalten, dass sie für mich Augen und Ohren offenhalten	❑
Benutzung von sozialen Medien	❑
Xing beitreten (siehe S.319 für nähere Infos)	❑
Sicherstellen, dass die Datenschutzeinstellungen auf Facebook aktiviert sind	❑
Mich mit interessanten Unternehmen verlinken und an deren Online-Gemeinschaft teilnehmen	❑
Twitter benutzen, um meine Jobsuche voranzutreiben (siehe S.319)	❑
Andere professionelle Foren heraussuchen, auf denen ich mit Kollegen interagieren und Informationen austauschen kann.	❑
Meine Sichtbarkeit in meinem Fachbereich steigern	❑
Artikel, Kommentare oder Blogs über meine Fachrichtung oder Spezialisierung schreiben	❑
Andere trainieren, Vorträge halten, auf Konferenzen sprechen	❑
Eine Webseite erstellen, die Beispiele meiner Arbeit enthält	❑
Wichtigen professionellen Vereinigungen oder Foren beitreten und Veranstaltungen beiwohnen	❑
Mich für einen wissenschaftlichen Ausschuss melden	❑

▸▸

Weiterentwicklung meiner Karriere bei meinem jetzigen Arbeitgeber	❑
Reden mit: meinem Vorgesetzten, Personalabteilung und den Entscheidungsträgern innerhalb des Unternehmens	❑
Nach Feedback fragen	❑
Einer abteilungsübergreifenden Projektgruppe beitreten	❑
Mich freiwillig melden, um Berichte zu verfassen	❑
Mir einen Mentor suchen	❑
Nachfragen, ob ich bei einer Tagung dabei sein darf	❑
Mich für innerbetriebliche freie Stellen bewerben	❑
Mich in der Mittagspause mit Kollegen treffen	❑
Nach zusätzlichen Verpflichtungen/Aufgaben fragen	❑
Nach Gleitzeit oder weniger Stunden fragen	❑
In einer anderen Abteilung Erfahrungen sammeln	❑
Nach einer vorübergehenden Versetzung fragen	❑
Nach einer Gehaltserhöhung fragen	❑

Persönliche und professionelle Weiterentwicklung	**Wichtigkeit?**
Mich auf dem Laufenden halten über Entwicklungen in meinem Fachbereich wie z.B. neue Software oder rechtliche Veränderungen	❑

▶▶

Mich über Ausbildungen, Schulungen, Konferenzen und Workshops informieren	❑
Für einen Abschluss studieren	❑
Schriftlich über meine Lernfortschritte Buch führen, um Schlüsselherausforderungen beim Lernen festzuhalten und darüber nachzudenken	❑
An einer Lerngruppe mit Kollegen teilnehmen oder sie selbst ins Leben rufen	❑
Relevante Bücher und Zeitschriften lesen	❑
Mit einem Karriere Coach arbeiten	❑
Meine beruflichen Vereinsmitgliedschaften aufrüsten	❑
Freiwillig arbeiten, um meine Fähigkeiten und meine Erfahrung zu erweitern	❑
Selbständigkeit	**Wichtigkeit?**
Mich über die verschiedenen Möglichkeiten der Selbstständigkeit informieren	❑
Mich über Franchise-Möglichkeiten informieren	❑
Kunden- und Marktanalysen durchführen	❑
Einen Businessplan erstellen	❑
Meine Finanzen und die Geldanlagen prüfen	❑
Werbematerial entwickeln	❑

▶▶

Mit einem Bankmitarbeiter reden	❑
Persönliches	**Wichtigkeit?**
Mit meinem Partner über meine Karriereziele reden und darüber, wie er mich unterstützen kann	❑
Hilfe von Familie und Freunden in Anspruch nehmen	❑
Freizeit einplanen, die ich mit der Familie verbringen kann	❑
Auf die Gesundheit achten, indem ich Sport mache und mich gesund ernähre	❑
Mein Selbstvertrauen aufbauen mithilfe von Selbsthilfe-Büchern, Beratungen und Kursen	❑
Mein Sozialleben verbessern	❑

Ihre Mindmap sollte nun nur so strotzen vor Ideen und praktischen Dingen, die Sie tun können, um Ihre Karriereziele zu erreichen.

■ Seien Sie SMART

Der nächste Schritt in Ihrem Karriere-Maßnahmenplan ist es nun, diese Ideen in einem Ablaufplan zu organisieren.

Sie haben vielleicht schon von den SMART- Regeln zum Thema Projektmanagement gehört und wie hilfreich diese dabei sein können, wenn Sie private und unternehmerische Ziele entwickeln. Die SMART- Regeln sollen uns daran erinnern, dass unsere Ziele nur erreichbar und smart sind, wenn sie folgende Punkte in sich vereinen:

- **S***pezifisch: Es ist wichtig, detailliert und präzise zu sein. Wenn etwas vage gehalten ist, ist das ein Anzeichen für einen Stolperstein und muss aus dem Weg geschafft werden.*
- **M***essbar: Legen Sie Kriterien für Ihren Erfolg fest, sodass Sie klar bestimmen können, ob Sie Erfolg haben oder nicht. Anstatt z.B. zu sagen, dass Sie sich ein Netzwerk aufbauen wollen, setzen Sie sich ein klares Ziel, wie viele neue Kontakte Sie innerhalb eines Monats knüpfen wollen.*
- **A***usführbar: Seien Sie realistisch. Stellen Sie sicher, dass Ihre Ziele zwar ehrgeizig, aber nicht unrealistisch sind. Komplexe Ziele sollten in kleinere, überschaubare Ziele aufgeteilt werden.*
- **R***elevant: Alles in Ihrem Karriere-Maßnahmenplan muss für Ihr Hauptziel relevant und wichtig sein. Konzentrieren Sie sich darauf.*
- **T***erminierbar: Setzen Sie sich Termine und Stichtage für die Ziele und Aufgaben, sodass Sie in Schwung bleiben und es zu keinen Verzögerungen kommt.*

Indem wir die SMART- Regeln anwenden und Ihre Antworten aus Übung 43 einbeziehen, erstellen wir Ihnen nun eine Aufgabenliste.

Übung 44: Ihre Karriere-Aufgabenliste

44

1. Schreiben Sie jedes Ihrer Karriereziele auf und auch woran Sie erkennen, dass Sie es erreicht haben wie z.B. durch einen Abschluss oder wenn Sie zu einem Vorstellungsgespräch eingeladen werden.
2. Führen Sie die notwendigen Aufgaben einzeln auf, die Sie für jedes Karriereziel unternehmen müssen und legen Sie Stichtage fest, bis zu denen die Teilaufgaben erledigt sein müssen.
3. Für fortlaufende Ziele wie z.B. Lesen von Fachzeitschriften, sollte die

Vorgabe angeben, wie oft Sie diese Aufgabe pro Woche oder Monat machen wollen.

Im Folgenden sind zwei Beispiele für Sie skizziert.

Beispiel von Manuel

Karriereziel 1

■ Ich will, dass mein Expertenwissen sowohl unternehmensintern als auch extern gefragt ist

Ich werde wissen, dass ich erfolgreich war, wenn mich das Führungsteam direkt um Rat fragt und ich gebeten werde, unternehmensintern Präsentationen zu geben und extern bei Branchentreffen, in Projektgruppen und bei Verkaufstreffen zu sprechen.

■ Aufgaben/Tätigkeiten

- *Sofort nachfragen, ob ich das Verkaufsteam als Netzwerkbetreuer unterstützen kann.*
- *Mein Aufbaustudium 2013 abschließen.*
- *Konferenzen und Vorträge mindestens dreimal im Jahr besuchen und die Organisationskomitees kennenlernen.*
- *Jeden Monat mein Branchenjournal lesen und Newsletter zu branchenrelevanten Themen abonnieren.*
- *Dieses Jahr freiwilliges Mitglied des Organisationskomitees meiner Berufsgenossenschaft werden.*
- *Anbieten, einen Bericht über Branchentrends zu schreiben und ihn bis Juni der Geschäftsführung zur Verfügung stellen.*
- *Bis März eine Projektgruppe finden, bei der ich mitarbeiten kann.*
- *Meinen Chef mindestens einmal innerhalb des nächsten Jahres bei einer branchenübergreifenden Aufgabe vertreten.*

Karriereziel 2

- Ganz selbstverständlich als Nachfolger meines Chefs gehandelt zu werden, wenn dieser in Rente geht.

Ich möchte seinen Job angeboten bekommen, wenn er uns nächstes Jahr verlässt.

- Aufgaben/Tätigkeiten

- *Meinen Vorgesetzten bei der nächsten Leistungsbeurteilung im März fragen, ob er mir mehr Aufgaben/Verpflichtungen zuweisen kann, um meinen beruflichen Fortschritt zu unterstützen.*
- *Sicherstellen, dass wenn ich ab jetzt Berichte für die Geschäftsführung schreibe, sie auch wissen, dass sie von mir kommen.*
- *Im Laufe des nächsten Jahres gute Arbeitsbeziehungen zu den anderen Abteilungen entwickeln, sodass ich deren Hauptkontaktperson werde. Mir zum Ziel setzen, alle sechs Abteilungen bis zum Ende des Jahres zu besuchen.*
- *Bis Ende des Jahres einen externen Mentor aufsuchen, um mir Ratschläge über den Aufstieg in die Führungsetage geben zu lassen.*
- *Bis spätestens Februar mit der Personalabteilung reden, sodass sie meine Karriereziele kennen.*
- *Nächstes Jahr mit dem Chef meines Chefs reden.*

Jetzt sind Sie an der Reihe!

Meine Karriereziele

Karriereziel 1

- Aufgaben/Tätigkeiten

Karriereziel 2

- Aufgaben/Tätigkeiten

Karriereziel 3

- Aufgaben/Tätigkeiten

Karriereziel 4

- Aufgaben/Tätigkeiten

Jetzt haben Sie eine übersichtliche Liste darüber, was Sie tun müssen, um jedes Teilziel zu erreichen. Als Nächstes sortieren wir Ihre Aufgaben nach dem Datum, sodass Sie sie in Ihren Terminplan eintragen können. Das ist eine gute Möglichkeit, sie noch einmal zu überprüfen und zu sehen, ob sie auch im Hinblick auf Ihren Terminplan realistisch sind.

TIPP

Dinge dauern oft länger als Sie denken, also seien Sie großzügig mit der Zeit, die Sie dafür einplanen: Wenn Sie Ihren Terminplan allerdings erst einmal erstellt haben, dann tun Sie Ihr Bestes, um sich an die Vorgaben zu halten.

45 Übung 45: Ihr Karriere-Maßnahmenplan

1. Fügen Sie konkrete Termine zu untenstehendem Fragebogen hinzu, damit Sie den tatsächlichen Kalendertag für die Beendigung jeder Aufgabe kennen.
2. Sehen Sie sich Ihre Aufgabenliste noch einmal an und gruppieren Sie die Aufgaben nach Datum, sodass Sie deutlich im Kalender sehen können, was Sie wann tun müssen.
3. Füllen Sie folgenden Terminplan aus.

Ein Beispiel finden Sie auf den Seiten 306 - 307.

- *Was werde ich morgen tun?*

- *Was werde ich bis Ende nächster Woche erledigt haben?*

- *Was will ich bis zum Ende des Monats erledigt haben?*

- *Was will ich innerhalb von 3 Monaten erledigt haben?*

- *Was werde ich innerhalb von 6 Monaten tun?*

- *Innerhalb des kommenden Jahres will ich...*

- *Was will ich innerhalb der nächsten 3-5 Jahre geschafft haben?*

Beispiel von Johanna

Morgen (__/__/__) werde ich...

- *bei der Arbeitsagentur nachfragen, ob es Hilfe für Frauen gibt, die in ihren Job zurückkehren wollen.*

Bis zum Ende nächster Woche (__/__/__) werde ich...

- *herausfinden, welche Universitäten IT-Kurse anbieten*
- *mir eine Email Adresse zulegen*
- *meine Mailbox- Ansage so ändern, dass die Kinder nicht zu hören sind.*

Bis zum Ende des Monats (__/__/__) werde ich...

- *im Schulsekretariat nachfragen, ob es dort offene Stellen gibt*
- *meinem Schwager anbieten, ihm bei seiner Verwaltung zu helfen, um Erfahrung zu sammeln*
- *mich über die Kinderbetreuung nach der Schule und deren Kosten informieren*
- *mit meiner Freundin Carol reden, die eine Personalagentur leitet.*

Innerhalb der nächsten drei Monate (__/__/__) werde ich...

- *freiwillige Arbeit leisten, sodass ich Erfahrung sammle, die ich in meinen Lebenslauf eintragen kann*
- *meinen alten Chef und einige Kollegen kontaktieren*

- *einen Lebenslauf ausgearbeitet haben, den ich verschicken kann*
- *in Lokalzeitungen nach Stellenanzeigen suchen.*

■ Innerhalb von sechs Monaten (__/__/__) werde ich...

- *mich auf neue Jobs mit meinem neuen Lebenslauf bewerben – mindestens einmal die Woche*
- *ein Anschreiben entwickeln, das ich je nach Job anpassen kann*
- *lernen, wie ich mich online bewerben kann*
- *lernen, wie ich mir ein Xing- Profil erstelle*
- *Bewerbungstraining durchführen, um mein Selbstvertrauen aufzubauen.*

■ Innerhalb des nächsten Jahres (__/__/__) werde ich...

- *einen Halbtagsjob haben oder ein Ehrenamt verrichten, das mir dabei helfen soll, einen bezahlten Job zu finden*
- *meine Computerfähigkeiten auf den neusten Stand gebracht haben*
- *der Arbeit wieder zuversichtlicher entgegensehen, weil ich praktische Erfahrung gesammelt habe*
- *Ausbildungslehrgänge finden und nach anderen beruflichen Möglichkeiten und Umschulungen suchen.*

■ Innerhalb der nächsten 3-5 Jahre (__/__/__) werde ich...

- *vielleicht einen Ausbildungslehrgang oder einen anderen Kurs absolviert haben*
- *verschiedene Möglichkeiten ausgelotet haben, wie ich mich von zu Hause aus selbstständig machen kann.*

Robert: „Für mich war mein Karriere-Maßnahmenplan eine echte Herausforderung. Allerdings habe ich nur dadurch, dass ich die Routinesachen eingeplant und mir Termine fürs Networking gesetzt habe, von einem neuen Job gehört."

Gut gemacht! Sie haben jetzt Ihren Karriere-Maßnahmenplan erstellt und wissen daher genau, was Sie wann tun müssen. Egal ob Sie einen Taschenkalender verwenden oder einen elektronischen an Ihrem Computer oder Handy nutzen – stellen Sie auf jeden Fall sicher, dass Sie dort die oben zusammengestellten Aktivitäten eintragen.

TIPP

Sorgen Sie dafür, dass Sie Ihren Plan immer gut sehen und darauf zugreifen können. Bauen Sie des Weiteren regelmäßige Erinnerungen ein, die Sie auf Ihre Ziele und Stichtage hinweisen.

Überblick über Ihren Fortschritt

Sie werden feststellen, dass Ihre Karriereziele und Bestrebungen sich im Laufe des Jahres ändern. Vielleicht ändern Sie Ihre Pläne: z.B. haben Sie sich Ihren neuen Job schneller gesichert als Sie dachten; oder die drohende Entlassung verschärft Ihr Tempo.

Wenn das der Fall ist, dann modifizieren Sie Ihren Plan dementsprechend, aber halten Sie sich auf jeden Fall weiterhin daran. Überprüfen Sie Ihren Plan nach sechs Monaten noch einmal, um sich über Ihren Fortschritt auf dem Laufenden zu halten und eventuell neue Prioritäten einzufügen.

Es ist auch empfehlenswert, alle drei Karriereplanungsübungen jedes Jahr neu zu machen. Notieren Sie sich den Fortschritt, den Sie das letzte Jahr über gemacht haben und bewerten Sie dann Ihre Karriereziele und –aktivitäten aufs Neue für das vor Ihnen liegende Jahr. Einige Elemente werden gleich bleiben, aber Sie werden überrascht sein, wie viel sich verändert hat, insbesondere wenn Sie mit Ihrem Plan gut vorangekommen sind.

■ Belohnungen

Egal, ob Sie eines Ihrer Hauptkarriereziele erreicht haben oder einfach all Ihren Mut zusammengenommen haben, um etwas Wichtiges zu tun, was außerhalb Ihrer Wohlfühlzone lag, Sie sollten sich auf jeden Fall belohnen.

Wenn es ein bedeutender Erfolg ist, wie z.B. der Job, den Sie haben wollten – feiern Sie es. Gehen Sie zum Essen aus, schmeißen Sie eine Party, gehen Sie tanzen! Verkünden Sie die Nachrichten auf Ihrem Xing- und Twitterprofil. Setzen Sie die Fachpresse davon in Kenntnis, wenn es sich dafür eignet, besonders wenn Sie die Aufmerksamkeit der Headhunter oder potentieller zukünftiger Arbeitgeber erregen wollen.

Sie sollten sich auch selbst für alles belohnen, das sie erreicht haben, obwohl es eine große persönliche Herausforderung für Sie darstellte. Wenn Sie z.B. während des Networkings sehr nervös sind, es aber geschafft haben, erfolgreich mit zwei Fremden auf einer Veranstaltung zu reden, dann haben Sie sich dafür ein Schulterklopfen verdient. Erzählen Sie anderen davon, was Sie getan haben, und sie werden Ihnen vielleicht ebenfalls auf die Schulter klopfen!

Ärgern Sie sich nicht über sich selbst, weil Sie es als schwierig empfanden. Sie können Ihre persönlichen Limits nur dadurch überwinden, dass Ihre Fähigkeiten und Ihr Selbstvertrauen zunehmen. Das ist äußerst wichtig und je mehr positive Bestärkung und Ermutigung Sie erhalten, desto wahrscheinlicher wird das, was Sie ursprünglich für eine große Sache hielten, für Sie zu einer regelmäßigen Gewohnheit.

Gut gemacht! Sie haben jetzt Ihren Karriere-Maßnahmenplan, der Ihnen dabei helfen wird, Ihre Karriere voranzutreiben und in die gewünschte Richtung zu lenken.

7.2 Ihre Karrierezusammenfassung

Ihr Karriere-Maßnahmenplan steht nun und hilft Ihnen, Ihre Energie darauf zu verwenden, Ihre Karriereziele zu erreichen.

Ihr Karriere Coaching hat Ihnen eine tiefgehende Analyse Ihrer Karriere und beruflichen Zukunft geboten. In diesem Buch haben wir eine Reihe von Reflexionsübungen gemacht, die Sie dazu animieren sollten, relevante Gedanken, Ideen und Emotionen, die während der einzelnen Abschnitte aufkamen, festzuhalten. In diesem Kapitel sammeln wir Ihre zentralen Einsichten und Feststellungen aus dem ganzen Buch und fassen sie zusammen.

Ich habe in diesem Kapitel auch Platz dafür gelassen, dass Sie sich selbst eine Nachricht schreiben können, um festzuhalten, was Sie in diesem Moment im Hinblick auf Ihre Karriere fühlen.

46

Übung 46: Mein Karrieredokument

■ Meine Karriereziele

Listen Sie Ihre Karriereziele auf – in Übung 43 (S. 290) haben Sie diese in Ihrem Karriere-Maßnahmenplan schon genau angesehen, aber denken Sie auch an Ihre Antworten aus Übung 6 (S. 58).

■ Mein Karrierekapital

1. Sehen Sie sich die Übungen 13-22 erneut an, um hier die wichtigsten Elemente Ihres Karrierekapitals und davon, was Sie einem potentiellen Arbeitgeber zu bieten haben, festzuhalten. Folgende Dinge könnten Sie z.B. erwähnen:

- *Ihre Schlüsselqualifikationen (Übung 13, S. 110)*
- *Ihre Erfolge und Leistungen (Übung 14, S. 1118)*
- *Wie Sie eine Firma aufwerten können (Übung 15, S.126)*
- *Ihre professionelle Glaubwürdigkeit (Übung 16, S. 129)*
- *Die Ausbildung/Schulungen, die Sie durchlaufen haben (Übung 17, S. 131)*
- *Das Wissen, das Sie besitzen (Übung 18, S. 133)*
- *Zusätzliche Arbeitserfahrung oder Ehrenamt (Übung 19, S. 136)*
- *Relevante Interessen und Informationen (Übung 20, S. 137)*
- *Ihr Netzwerk, falls es aussagekräftig ist (Übung 21, S. 138)*

2. Notieren Sie die Eckpunkte dessen, was Ihr Karrierekapital ausmacht, hier.

Meine persönlichen Stärken

1. Finden Sie Beispiele aus Ihrer beruflichen Vergangenheit für positive Eigenschaften wie z.B. Belastbarkeit, Ehrgeiz, Teamfähigkeit (Übung 11, S.95).
2. Sehen Sie sich die Übungen 24-26 (S.149-159) an, in denen wir Ihren Arbeitsstil untersucht haben. Ziehen Sie daraus Ihre positiven Eigenschaften und die unternehmerischen Rahmenbedingungen, die Ihnen am meisten liegen.
3. Überprüfen Sie erneut das positive Feedback, das Sie von anderen in Übung 27 (S. 159 ff) bekommen haben.

Blockaden und Überwindung

1. Sehen Sie sich Übung 41 auf Seite 242 noch einmal an, in der wir uns mit möglichen Karriereblockaden beschäftigt haben.
2. Welche Dinge könnten sich Ihrem Karrierefortschritt in den Weg stellen?

3. Wie werden Sie diese bewältigen? Sehen Sie sich die Ratschläge aus Kapitel 19 noch einmal an.

■ Was könnte sich Ihnen in den Weg stellen	■ Was wird dagegen helfen?

Übung 47: Nachricht an mich selbst

47

Stellen Sie sich sich selbst in einem Jahr vor. Wenn Sie aus der Zukunft heraus mit sich sprechen könnten und Ihrem heutigen Ich einen Rat geben sollten, was würden Sie sagen? Welche positiven Ratschläge und Ermunterungen können Sie sich schreiben? Welche aufmunternden Worte können Sie sich zusprechen?

„Es ist nicht der Berg, den wir bezwingen – wir bezwingen uns selbst." - Edmund Hillary

Gestalten Sie diese Nachricht an sich selbst so aufrichtig wie möglich. Sie könnten folgende Dinge mit einbringen:

- *Warum Ihnen Ihre Karriereziele wichtig sind*
- *Welche Folge hätte es für Sie selbst und für andere, wenn Sie Ihre Ziele erreichen?*
- *Ratschläge dazu, wie Sie vorhersehbare Hürden überwinden können*
- *Ermunternde und vertrauensbildende Worte*
- *Sprechen Sie Ängste oder Bedenken an*
- *Erinnern Sie sich selbst an die Unterstützung, die Sie erfahren haben*
- *Konzentrieren Sie sich auf Ihre Fähigkeiten und Stärken*

48

Übung 48: Abschließende Reflexionen

Betrachten Sie Ihre Reise durch das Karriere Coaching während der Lektüre dieses Buches noch einmal, notieren Sie sich Ihre Überlegungen, Gedanken oder Ideen. Benutzen Sie dazu die Reflexionsübungen am Ende jedes Abschnitts, die Ihnen dabei helfen können, zusammenzufassen, was Sie gelernt haben. Die Antworten zu folgenden Fragen können hilfreich sein.

- *Was haben Sie gelernt?*
- *Was, falls überhaupt etwas, hat sich verändert?*
- *Was würden Sie in Zukunft anders machen?*
- *Woran müssen Sie noch arbeiten?*
- *Weitere Kommentare*

TIPP

Sehen Sie sich die Reflexionsübungen 7 (S. 60), 12 (S. 103), 23 (S. 141), 28 (S. 166) und 40 (S. 236) noch einmal an.

Und zu guter Letzt...

Wir haben eine lange Reise hinter uns – von Ihren frühesten Erinnerungen bis hin zu Ihrem zukünftigen Karriereziel. Wir haben jeden Zentimeter Ihrer Karriere erforscht, zerlegt und mit der Realität verglichen, um sicherzugehen, dass Sie alles aus einer objektiven Perspektive betrachten. Wir haben uns Ihre Optionen angesehen, überlegte und gut recherchierte Entscheidungen getroffen und, im letzten Teil des Buches, einen Plan entwickelt, um Ihre Karriereerwartungen in die Realität umzusetzen.

Ich hoffe, dass Sie das Buch aufschlussreich und anregend fanden und einen praktischen Nutzen daraus gezogen haben. Die zentrale Botschaft ist, dass es mehr als nur harter Arbeit im Job bedarf, um eine befriedigende Karriere zu bekommen. Sie müssen Ihre Karriere managen und das braucht Besonnenheit, Recherche, Planung, Hilfe von anderen und ganz viel Handlung!

„Manche Menschen träumen von Erfolg, andere wachen auf und arbeiten hart daran." - Anonym

Ich hoffe, dass dieses Buch Ihnen auch neue Karrieremöglichkeiten eröffnet hat. Unter welchen Umständen Sie auch leben, es gibt immer Möglichkeiten, egal ob Sie in Ihrem jetzigen Unternehmen bleiben wollen, zu einer neuen Firma wechseln, Ihre Karriererichtung ändern oder sich selbstständig machen wollen. Ihre Karriereentwicklung liegt in Ihren eigenen Händen.

Das bedeutet allerdings nicht, dass es immer einfach ist, die Veränderungen auch umzusetzen. Manchmal ist es das ganz und gar nicht. Aber wenn Sie konzentriert bleiben, Ihrem Plan folgen, Rückschläge als Chancen sehen, etwas daraus zu lernen, und stets viel Energie in Ihre Karriere stecken, werden Sie Ihre Ziele erreichen.

Wir kommen nun zum Ende dieses Buches und des Karriere Coachings, aber Ihre Karriere ist eine fortlaufende Geschichte und kein abgeschlossenes Kapitel. Ich hoffe, dass dieses Buch die Grundlagen für ein spannendes neues Karriereabenteuer gelegt hat. Von jetzt an liegt es an Ihnen!

Ich wünsche Ihnen viel Erfolg.

Ihre Corinne Mills

Wenn Sie Ihre Geschichte darüber, wie dieses Buch Ihnen geholfen hat, mit anderen teilen wollen, würden wir gerne von Ihnen hören.
Senden Sie uns eine Email an ulrich.aumann@edition-aumann.de und wir leiten diese an die Autorin weiter.

Nützliche Quellen – relevante Links für Deutschland

Branchenspezifische Verbände und Jobinformationen

Agentur für Arbeit: www.arbeitsagentur.de

Bundesministerium für Arbeit und Soziales:
http://www.bmas.de/DE/Startseite/start.html

Bundesverband Medizintechnologie e.V.: www.bvmed.de

Karrierenetzwerk: http://www.e-fellows.net/

Liste der Bundesministerien: http://www.bundesregierung.de/Webs/Breg/DE/Bundesregierung/Bundesministerien/bundesministerien.html
Mitgliederliste des Bundesverbands der Deutschen Industrie e.V. : http://www.bdi.eu/BDI-Mitglieder.htm
Ständig aktualisierte Liste registrierter Verbände: http://www.bundestag.de/dokumente/lobbyliste/lobbylisteaktuell.pdf
Verband der Hightech-Industrie: www.spectaris.de
ZVEI - Zentralverband Elektrotechnik- und Elektronikindustrie e.V.: www.zvei.org

Nützliches für Absolventen

www.akademiker-online.de
www.alumniportal-deutschland.de
www.karriere.de
www.karrierefaktor.de
www.studentenpilot.de
www.studienwahl.de
www.studieren.de

Jobbörsen

www.experteer.de
www.fazjob.net
www.jobmonitor.com
www.jobs.zeit.de
www.jobpilot.de
Jobbörse der Arbeitsagentur: http://jobboerse.arbeitsagentur.de/
Jobbörse für Studenten, Absolventen & Young Professionals: http://www.absolventa.de

Jobbörsen, Jobsuchmaschinen, Stellenangebote, Personal, Recruiting, Stellenanzeigen, HR-Software, Gehaltsvergleich, Karriere:
http://crosswater-job-guide.com/
Jobvector Science Career Center:
Jobs für Naturwissenschaftler und Ingenieure
http://www.jobvector.de/
www.monster.de
www.stepstone.de

Wissenschaft, Forschung und Entwicklung

www.academics.de
Beratungsstelle für international mobile Forscher/innen:
www.euraxess.de/portal/home_de.html
Deutsche Forschergemeinschaft: www.dfg.de

Gehaltsübersichten

www.gehalt.de
www.gehaltsvergleich.com
www.nettolohn.de

Der Karriere Coach im Internet

www.karrierecoach24.info

Karriere Coaching

www.karriereberatung24.de

Unterstützung auf dem Weg in die Selbstständigkeit

Informationen über Fördervoraussetzungen, Zuschusshöhen etc. :

www.foerderdatenbank.de

Infos zu steuerlichen und rechtlichen Themen, Newsletter:

http://www.akademie.de/

KfW-Gründercoaching: www.gruender-coaching-deutschland.de

mediafon Selbstständigenberatung GmbH (Tochterfirma von ver.di):

www.mediafon-ratgeber.de

www.existenzgruender.de

Bundesverband Selbständige in der Offensive - sido! e.V.:

www.sido.org

Soziale Netzwerke

www.facebook .de

www.twitter.de

www.xing.com

absolventa.de

academics.de

academie.de

akademiker-online.de

alumniportal-deuschland.de

arbeitsagentur.de

bdi.eu

bundesregierung.de

bundestag.de

bvmed.de

dgf.de

e-fellows.de

euraxess.de

existenzgruender.de

experteer.de

facebook.de

fazjob.de

foerderdatenbank.de

gehalt.de

gehaltsvergleich.com

gruender-coaching-deutschland.de

jobboerse.arbeitsagentur.de

jobmonitor.com

jobpilot.de

jobs.zeit.de

jobvector.de

karriere.de

karrierefaktor.de

mediafon-ratgeber.de

monster.de

nettolohn.de

sido.org

spectaris.de

stepstone.de

studienpilot.de

studienwahl.de

studieren.de

twitter.de

xing.de

zvei.org

QR Codes sind alphabetisch sortiert. Bitte zum gezielten Scannen eine Schablone mit einem 2 x großen Ausschnitt in einem weißen Blatt Papier anfertigen und gewünschten Code auswählen.